KB210307

뜨거운 지구,
차가운 해법

: 지구는 식히고 경제는 뜨겁게

박재순 지음

어문학사

추천사

기후변화는 우리 시대의 가장 큰 도전이자 복잡한 문제이다. 『뜨거운 지구, 차가운 해법: 지구는 식히고 경제는 뜨겁게』는 이러한 문제를 새로운 시각에서 바라보며, 독자들에게 깊이 있는 통찰을 제공한다. 저자는 기후 재앙에 대한 공포에만 집중하기보다, 과학적 근거와 논리적 분석을 통해 현실적이고 희망적인 해결책을 제시한다. 기후변화가 반드시 파국으로 이어지지는 않으며, 지속적인 성장을 통해 환경 문제를 해결할 수 있다는 메시지는 특히 주목할 만하다.

이 책의 강점은 복잡한 기후 과학의 개념을 일반 독자도 쉽게 이해할 수 있도록 풀어냈다는 점이다. 저자는 다양한 과학적 자료를 통해 기존의 고정관념을 비판적으로 검토하며, 그동안 우리가 놓쳤던 중요한 사실들을 조명한다. 특히, 넷제로(Net-Zero)에 대한 현실적인 접근은 이 책의 중요한 특징이다. 탄소 배출을 완전히 제로로 만드는 이상적인 목표 대신, 성장을 해치지 않으면서 환경 보호를 실현할 수 있는 합리적인 방안을 제시하는 저자의 관점은 매우 신선하고 설득력이 있다.

한편, 이 책은 도전적인 면모도 지니고 있다. 저자는 기존의 주류 담론에 대한 비판적 시각을 바탕으로 새로운 해석을 제시한다. 이는 독자들에게 익숙한 생각을 재검토할 기회를 제공하며, 새로운 논의의 장을 열어준다. 다만, 때로는 과감한 주장이 반론이나 다른 견해를 충분히 고려하지 않고 지나가는 경우도 있어, 독자들은 이를 비판적으로 수용하며 읽는 것이 필요하다. 저자가 제시하는 '성장과 기후변화 대응이 동시에 가능하다'라는 골디락스의 해법은 이상적이지만, 그 과정이 다소 낙관적일 수 있다. 성장과 환경 보호 간의 균형을 어떻게 맞출 것인지에 대한 더 구체적인 전략이 제시된다면, 이 책이 제시하는 미래는 더욱 탄탄한 논리가 될 것이다.

그럼에도, 『뜨거운 지구, 차가운 해법』은 기후변화에 대한 논의에 새로운 관점을 제시하는 중요한 책이다. 기존의 불확실성과 두려움에서 벗어나, 과학적 사실에 기반한 합리적인 해결책을 제시하는 이 책은 기후변화 문제를 고민하는 독자들에게 필독서로 추천할 만하다. 성장과 기후변화 대응이라는 두 가지 목표를 조화롭게 이루고자 하는 이들에게 이 책은 중요한 길잡이가 될 것이다.

한국공공선택학회장 정성호

머리말

블룸버그 TV에 자주 나오던 장면이 있다. 2022년 <Earth-shot Prize>에서 요르단의 라니아 왕비(Queen Rania of Jordan)가 한 축사이다. "우리에겐 과학이 있고, 처방도 있다. 이제 세계가 필요한 건 정치적 의지이다."[1] 명연설이다. 문제는 어떤 '과학'이냐. 기후 위기를 막기 위해 1.5℃ 내로 지구 온도를 눌러야 한다면, 여하한 대가를 치르더라도 2050년에 탄소 배출을 제로로 만들어야 한다. 조금 더 유연하고 현실적인 과학과 처방은 없을까?

"인류 멸종이 시작되었는데, 떠드는 건 돈과 경제 성장이라는 동화뿐이야. 어떻게 네가 감히!"[2] 2019년 그레타 툰베리(Greta Thunberg)의 "How dare you" 연설이다. 세상을 향한 분노에, 각국의 지도자들이 공수표를 날렸다. 140개 나라가 '정치적 의지'로 2050년 탄소 제로를 선언하였다. 민망하지만 필자도 공직자로서 우리나라의 '탄소 중립 시나리오'에 참여하였다.

지구 온도가 역대 최고를 갈아치우며 펄펄 끓는다. 그러나, "여하한 대가를 치르더라도"라며 다짐하던 세계는 의외로 조용하다. 탄소 배출은 다시 늘고 있다. 우리의 분노는 왜 좌절로 바뀌고 있을까?

넷제로는 뜨거운 지구를 식히는 화끈한 방법이다. 온난화의 주범, 화석연료를 당장 추방하는 것이다. 그러나, 지구는 식지 않고 경제엔 주름살만 늘고 있다. 화끈한 처방은 현실에서는 작동하지 않는다. 급하게 화석연료를 없애면 에너지 위기가 온다. 가스가 떨어져 혹한의 겨울을 보낸 유럽의 악몽이 이를 증명한다. 화석연료 수요는 오히려 더 늘고 있다. AI 등 4차 산업혁명으로 전력 수요 역시 눈덩이처럼 커지고 있다. 계속되는 배터리 화재 앞에서 전기차의 열망도 예전 같지 않다. 지구도 식히고 녹색 산업도 키운다는 장밋빛 전망은 냉혹한 시장의 법칙 앞에 속절없이 무너지고 있다.

종래의 기후 과학에 대한 의구심도 생긴다. 코로나 등으로 탄소 배출이 주춤하는데, 지구는 왜 더 뜨거워질까? 이산화탄소가 온난화의 주범이고, 1.5℃가 넘으면 기후 위기가 온다는 도그마에 우리는 갇혀버린 것이 아닐까? 과학은 정말 그런 무서운 얼굴을 하고 있을까?

더욱 근본적인 걱정이 있다. 기후변화라는 우리 시대의 화두는 오래가지 않을 것이다. 더 무서운 괴물이 온다. 성장의 종말이다. UN에 따르면, 세계 인구는 2080년 100억 명을 정점으로 더 늘지 않는다. 2100년에 14억 중국은 6억으로, 5,200만의 우리나라는 2,200만으로 인구가 소멸한다. 세계 인구의 정점이 더 일찍 온다는 전망도 나오고,

넷제로를 하면 2100년에는 70억 명까지 준다는 분석도 있다. 현재에만 매달리다가, 미래 세대가 직면할 더 큰 위기를 놓치는 우를 범해서는 안 된다.

뜨거운 지구를 위한 차가운 해법, 냉철한 처방은 무엇일까? 성장을 해치지 않으면서 기후변화를 끝낼 수 있을까? 지구는 식히고 경제는 뜨겁게, 기후와 성장이 공존할 수 있을까? 놀랍게도 기후변화의 과학은 온화한 얼굴로 그렇다고 말한다.

이산화탄소만 지구 온난화의 주범이 아니다. 도시의 열섬, 대기오염의 감소도 지구를 뜨겁게 하는 공범이다. 폭넓은 시야는 한 가지 원인에만 맹목적으로 집착하는 '이산화탄소 도그마'에서 벗어나게 해준다. 화석연료를 당장 들어내는 화끈하고 극단적인 넷제로의 처방이 아닌, 차갑고 유연한 처방을 쓸 수 있다. 더러운 화석연료를 깨끗한 에너지로 질서 있게 단계적으로 바꾸는 '골디락스'의 처방이다.

본서는 성장도 하면서 기후변화를 끝내는 신나는 이야기를 다룬다. 해피엔딩을 바라는 모든 이를 위하여, 기후변화를 끝내는 '뜨거운 지구에 대한 차가운 해법'을 풀어 보자.

문외한 필자는 왜 기후 과학에 대한 책을 쓰는 무모한 도전을 하게 되었을까? '탄소중립위원회'를 다니면서 느낀 게 있다. 정부 기관에서 일하는 우리도, 기후 전문가란 이들도 대부분 기후 과학 자체에 대해서는 잘 모른다는 것이다. 기후 과학에 비하면 양자역학은 애들 장난이라고 이야기하는 물리학자도 있으니, 어쩌면 당연한 건지도 모르겠다. "탄소 중립을 말하기 전에, 온실효과부터 확실히 알자." 공부해 보니, IPCC 보고서는 거대한 난수표이다. 많은 이들이 읽기를 포기한 이유를 알게 되었다. 하지만, 진리를 추구하는 과학의 위대한 힘이 전하는 이야기는 놀라웠다. 빨리 대중에게 쉽게 이를 전해야 한다는 사명감을 느꼈다.

기후 위기의 '공포 마케팅'과 달리, 과학이 전하는 기후변화는 놀랍도록 인간적인 모습이다. 이산화탄소가 온난화의 전부이고, 1.5℃를 넘으면 재앙이 온다고 무서운 얼굴로 윽박지르지 않는다. 이산화탄소와 함께, 도시의 뜨거운 아스팔트·콘크리트와 하늘에 대기오염이 사라지는 것도 지구 온난화를 일으키는 공범이다. 특히, 최근 지구가 뜨거운 것은, 선박 기름의 규제로 바다에 구름이 덜 끼어 햇빛이 많이 들어오기 때문이다. IPCC, 각국의 기상청, NASA 등이 전하는 놀라운 이야기를, 본서는 추적하고 분석해 담고 있다.

굉장한 희소식이다. 오염이 없어지는 건 좋은 일이고, 이 때문에 더운 건 일시적이다. 2040년대 대기오염이 일소되면, 더는 온난화를 일으키지 않게 된다. 화석연료의 사용은 2030년대 정점을 치고 감소한다는 IEA의 전망인데, 오염이 줄면 구름이 사라져 지구가 더워지는 것과 이산화탄소가 줄어 지구가 식혀지는 것이 금세기 후반에는 훌륭한 상호보완이 될 것이다. 반면, 2050년 이후 인구와 도시의 성장이 정체

될 전망이고, 오히려 성장의 종말이라는 새로운 화두가 현실이 될까 봐 걱정된다.

온실가스, 도시화, 탈 오염의 세 박자가 기후변화 원인이라는 넓고 합리적인 시야를 가지면, 유연한 처방을 쓸 수 있다. 무리하게 넷제로를 하지 않아도 된다. 넷제로는 2050년 화석연료를 퇴출하는 것이다. 굶어서 살을 빼는 것이다. 2050년 전력 수요는 두 배로 는다. AI 등 4차 산업혁명이 꽃피고, 전기가 부족한 개발도상국이 여전히 많기 때문이다. 화석연료를 급히 없애는 섣부른 넷제로가 오히려 재앙을 불러올 수 있다. 성장의 종말이 기후변화의 종말을 이끌면 안 된다.

현명한 방법은 더러운 화석연료를 깨끗한 에너지로 여유를 두고 단계적으로 바꾸는 것이다. 운동도 하면서 식단을 조절하는 지속 가능한 다이어트와 같다. 예컨대, 탄소 배출이 적고 무공해인 천연가스는 석탄을 대체할 훌륭한 중간 가교다. 전기차 보급보다는, 대중교통과 철도를 완비해 차를 덜 몰게 하는 게 더 좋다. 성장도 하면서 기후변화도 끝내는 '적당히 좋은 것', 골디락스의 지혜다. 무엇보다 세계엔 가난한 사람들이 많다. 전깃불을 구경한 적도, 전화벨 소리를 들은 적도 없는 이들에게 지구를 위해서 성장을 멈추라고 말할 수 있을까? 우리 아이들에게 성장하지 않는 미래를 감내하라고 할 수 있을까? 우리 미래가 코로나 때 내핍의 고통이라면, 난방할 가스가 끊겨 악몽의 겨울을 보낸 에너지 위기 때 독일이라면, 그 길로는 가고 싶지 않다.

유연한 처방을 하여도, 지구의 온도는 2080년 2℃를 정점으로 더 이상 올라가지 않는다. 2050년부터는 온난화의 속도가 느려진다. 인구와 도시의 성장이 멈추기 때문이다. 성장의 종말이라는 더 큰 괴물 말이다. 성장의 종말이 기후변화를 멈추어서는 안 된다. 성장도 하고, 기후변화도 막는 골디락스의 지혜로, 우리 세대에 기후변화를 끝낼 것이다.

IPCC는 난해한 과학의 언어로 「정책결정자를 위한 요약본(Summary for Policymakers)」이라는 보고서를 낸다. 정책결정자들에게 너무 어렵다. 본서는 『대중을 위한 요약본』이다. 정책결정자에겐 '정치적 의지'가 있지 않다. 대중을 위하여 합리적으로 결정해야 할 '책무'가 있을 뿐…. 정책을 결정하는 주체는 대중이다. '우리'가 알 수 있도록 과학의 언어를 대중의 언어로 바꾸었다. 정책 결정의 낮은 단계서 일한 필자가 책을 쓴 동기다. 대중의 언어로 바꾸니, 과학과 처방은 전혀 극단적이지 않다. 정책결정자를 위한 요약본은 대중을 위한 요약본으로 바뀌어야 한다.

십여 년 전 제프리 삭스(Jeffrey Sachs)는 『빈곤의 종말(The End of Poverty)』을 썼다. 절대 빈곤이 지금 10% 밑으로 줄어들어, 그의 말은 현실이 되고 있다. 마찬가지로, 우리 세대에 기후변화를 끝낼 수 있다. 미래 세대에게는 기후변화의 두려움이 없이, 성장하고 발전하는 밝은 세상을 선물할 수 있다.

본서는 필자의 주관적 생각을 늘어놓지 않았다. 문외한이라 그럴 능력이 없고, 기존 이분법대로 기후 선동가(alarmist) 또는 회의론자(skeptic) 중 하나로 낙인찍히는 게 싫다. 본서는 그런 주장을 담은 책이 아니라, IPCC 보고서와 공신력 있는 과학적 연구를 바탕으로 현실적 처방을 제시하는 것이다. 부족한 점이 많지만, IPCC 보고서를 가장 심도 있게 소개한 책 중 하나라고 자부한다. 흥미를 잃지 않고 기후변화를 가장 깊고 넓게 알 수 있는 책이라고 감히 소개한다. 앞으로도, 세상을 바꾸는 책을 쓰고 싶다.

책을 만들면서, 고마운 분들이 있다.

오랜 세월 필자 등 아들 삼 형제를 홀몸으로 키우고 여기까지 오게 해주신 어머니 김중자 여사께 무한한 사랑과 감사의 뜻을 드린다. 역시 홀몸으로 아내 등 1남 2녀를 훌륭히 키우고, 외손주의 양육까지 도맡아 주신 장모님 정명옥 여사께도 이루 말할 수 없는 감사의 말씀을 드린다. 가난하고 재주도 없는 필자를 만나 고생을 하고 내조를 아끼지 않은 아내 김은정, 방송 아나운서에 관심이 많은 착한 모범생 아들 박주현, 그림과 방송에 재주가 많은 역시 착하고 모범생인 딸 박지연, 우리 가족 모두 사랑한다.

『재정법』 등 역작을 낸 재정학의 대가인 한국공공선택학회 정성호 회장은 기후변화에 관해 결이 다른 생각에도 필자를 응원하고 추천사까지 써주어, 이 자리를 빌려 감사의 말씀을 드린다. 또한, 본서의 방향을 같이 고민하고, 제목 선정 등 과정의 작은 하나하나를 챙겨준 교육부 최보영 부이사관께도 깊은 감사의 말씀을 드린다. 끝으로, 정성

을 다해 필자의 졸고를 멋진 책으로 탈바꿈시켜 주신 윤석전 대표, 조
은별 편집자를 비롯한 어문학사 여러분, 그리고 출간을 위해 도움을
주신 이화여대 박석순 명예교수와 아낌없는 조언과 격려를 해주신 명
지대 이명주 교수(전 탄소중립위원 및 녹색성장위원)께 심심한 감사의 말씀을
드린다.

2024년 9월 어느 더운 여름날의 세종에서,

박재순 올림

목차

들어가며: 두 개의 그래프

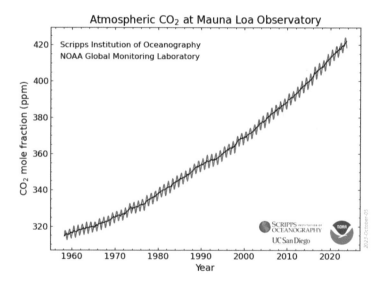

<그림 1> 킬링 곡선(Keeling Curve), 美 기상청(NOAA)/Scripps[3]

과장해서 이야기하면, 두 개의 그래프를 보는 것만으로 기후변화를
알 수 있다.

하나는, 1958년 미국 기후학자 찰스 킬링(Charles David Keeling)이 하와이의 마우나로아(Mauna Loa Observatory)에서 이산화탄소의 농도를 잰 <킬링 곡선>이다. 결과는 세계를 놀라게 하였다. 1958년 300ppm이던 CO_2가 2021년에는 420ppm으로 40%나 늘었다. ppm[4]은 '백만분의 1'이라는 뜻이다. 백분율로 환산하면, 공기 중에 0.03%이던 CO_2가 0.042%로 늘어난 것이다.

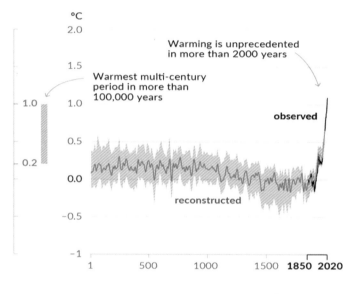

<그림 2> 지구의 온도 편차(temperature anomaly), IPCC[5]

또 하나는, 역시 미국의 기후학자인 마이클 맨(Michale E. Mann)이 1998년 만든 지난 천 년 동안의 세계 온도다. IPCC의 역대 보고서에 실렸다. 'IPCC(Intergovernmental Panel on Climate Change)'는 1988년 세계기

상기구(WMO)와 UN 환경계획(UNEP)이 설립한 기후변화에 관한 국제 협의체이다. IPCC는 대략 6~7년마다 기후변화에 관한 공식 보고서를 낸다.

그림을 보면, 큰 변화가 없던 온도가 산업혁명이 시작된 19세기 후반부터 급등한다. 이 그래프는 <하키 스틱 그래프(Hockey stick graph)>라는 별칭으로 더 유명하다. 마치 하키 스틱을 옆으로 눕혀 놓은 모양이기 때문이다. 천 년을 잠잠하던 기온이 하키 스틱의 칼날 블레이드처럼 현대에 들어와 갑자기 위로 치솟는다. 오른쪽의 진한 검정 부분이다.

<그림 3> 하키 스틱, Michael Mann 재인용[6]

킬링 곡선에서 뚜벅뚜벅 증가하는 이산화탄소 농도, 하키 스틱 그래프에서 무섭게 상승하는 지구의 온도, 그리고, 이산화탄소가 많아지면 공기가 더워진다는 19세기 실험실에서 입증된 과학적 사실…. 여기서 갑자기 떠오르는 게 있다. 삼단논법이다.

· 이산화탄소가 늘어나고 있다(킬링 곡선).
· 지구는 더워지고 있다(하키 스틱 그래프).

∴ 이산화탄소가 늘어나서 지구가 더워지는 것이다.

그렇다. 이산화탄소가 온난화의 주범이었구나. 산업혁명 이후 무분별하게 화석연료를 남용한 대가로, 지구는 뜨거워지고 있다. 실제로 킬링 곡선과 하키 스틱 그래프는 지구 온난화의 대표적 증거로 인용된다. 이제 두 개의 그래프를 배웠으니, 그만 이 책을 접어도 될까?

그랬다면 이 책을 쓰지 않았을 것이다. 두 개의 그래프로 기후변화를 모두 설명할 수 없다. 삼단논법은 과학적 방법이 아니다.

가벼운 게임을 해보자. 가령, "지난 세기에 이산화탄소 말고 늘어난 것 대보기" 인구, 도시, GDP, 자동차, 대기오염, 먼지, 아스팔트, 콘크리트, 철…. 수십 장을 더 써 내려갈 수 있다. 모두 기온을 올릴 만한 것들이다. 그러면, "지난 세기에 늘어나지 않은 것 대보기" 수증기, 구름, 햇빛? 잘 모르겠다. 없는 것 같기도 하고….

삼단논법으로는 이산화탄소 말고도 수없이 많은 온난화의 원인을 만들어 낼 수 있다. 항간의 기후변화 상식이 두 개의 그래프와 삼단논법 수준이라면, 안타까운 일이다. 기후변화의 세계에서, 이런 수준은 넘어설 때가 되었다.

왜 산업혁명 이후 심각한 화산 폭발(significant volcanic eruption)이 갑자기 늘었는지 필자는 도통 모르겠다.

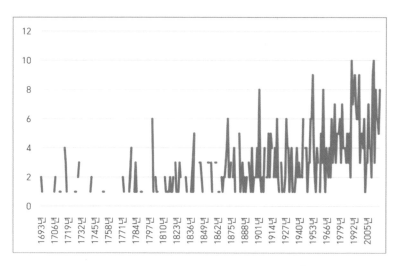

<그림 4> 심각한 화산 폭발 수, Our World in Data[7]

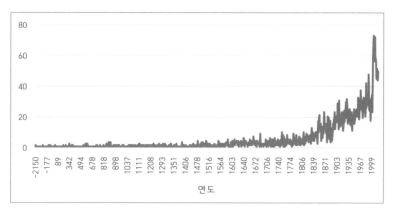

연도

<그림 5> 심각한 지진의 수, Our World in Data[8]

심각한 지진(significant earthquakes)을 보니, 또 하나의 하키 스틱이 나온다. 왜 하필 최근 지진이 잦은지 도무지 알 길이 없다. 본서는 화산과 지진은 다루지 않는다. 모르니, 수수께끼로 남길 뿐이다.

이 책은 독립적 사고를 하는 이를 위한 것이다. "믿겠다. 그러나, 증명하라(Trust but verify)!" 레이건이 고르바초프에게 한 말이다. 증명은 도움처럼 남에게 '받는' 것이 아니라, 우리 스스로가 '하는' 것이다. 이제부터 기후변화의 과학으로 긴 여행을 떠나겠다.

본서의 각 부는 다음의 물음에 따라 배치하였다.

제1부는 "지구는 실제로 더워지고 있는가?"라는 물음에서 시작한다. 제2부는 "이산화탄소 때문에 더워지고 있는가?"라는 질문과 논의로 이어진다. 제3부에서는 "이산화탄소 말고도 더워지는 원인이 있을까?"라는 의문에 대해 탐구한다. 제4부에서는 "그래서, 지구는 앞으로 얼마나 더워질까?"에 대한 답안을 모색한다. 마지막 제5부에서는 기후변화의 과학이 내린 결론에 따라, 이에 대한 처방을 준비했다.

제1부
지구는 더워지고 있을까?

제1장
기후변화는 있고, 기후 재앙은 없다

1. 서기 2000년을 무사히 넘기다

어릴 적 읽을거리가 귀했던 시절, 소년 소녀 잡지를 통해 접하는 '세계의 미스터리(mystery)'는 메마른 동심을 자극하는 데 그만이었다. 스코틀랜드의 네스호(Loch Ness)에 산다는 괴물 네시, 세계 곳곳의 깊은 산을 배회한다는 설인(雪人), 그리고 미국 뉴멕시코주 작은 도시 로즈웰(Roswell)에 추락했다는 UFO….

허망하게도 지금은 모두 신빙성이 없다고 밝혀졌다. 1934년 의사 윌슨(Robert Kenneth Wilson)이 찍었다는 네시(Nessie)의 사진은 장난감 잠수함으로 조작한 것이고, 1967년 캘리포니아 산골에서 설인 빅풋(Big foot)을 찍었다는 영상도 동네 사람에게 고릴라 의상을 입히고 연출한 것으로 밝혀졌다. 로즈웰의 UFO는 미 공군이 소련의 원자폭탄 실험을 감지하려고 1947년에 띄운 정찰 풍선(surveillance balloon)이었다. 각박한 세상에 낭만이 사라져가는 건 아쉽다. 이제 누가 스코틀랜드의 시골 호수로 찾아오고, 사막 한가운데의 UFO 도시를 방문하겠는가? 1990년 대에 열광했던 드라마 <X 파일(the X-files)>처럼, 골방에서 잡지를 펼치고 FBI 요원 폭스 멀더와 스컬리가 되어 세상의 미스터리를 추적하고 싶다.

그러나, 낭만이 아닌 사회 병폐는 문제다. 종말론 같은 것···. 1992년 수만 명이 예수 그리스도의 재림 때 같이 하늘로 가기 위해 모였다. 휴거(携擧)는 없었다. 세기말에는 1999년 7월 지구의 종말이 온다는 노스트라다무스의 예언이 기승을 부렸다. 소행성이 지구와 충돌한다거나, 태양계의 행성들이 십자가 대형으로 모여 서로의 인력으로 대재앙이 난다거나, 컴퓨터가 '2000년'을 인식하지 못해 핵 단추를 잘못 눌러 핵전쟁이 일어난다는 'Y2K' 논란이 지구촌을 뜨겁게 달구었다.

유사 과학(pseudoscience)의 논리는 과학의 어려운 전문용어보다 단순 명쾌해서, 때로는 오히려 더 호소력이 있다. "1999년 일곱 번째 달에 하늘에서 공포의 대왕이 내려온다." 말초신경에 확 꽂히는 '예언'은 관심을 모는 재주가 있다. 나름은 근거 있는 것도 있다. 소행성이 지구와 충돌할 확률이 없다고 장담하는가? 비교적 최근인 2023년 3월 25일에도 한 도시를 파괴할 만한 위력의 소행성이 지구와 달 사이 좁은 곳으로 아슬하게 지나갔다. 행성 정렬이나 Y2K도 마찬가지다. 그래서,

소심한 필자는 1999년 한 해를 가슴을 졸이며 보냈다. 다행히… 서기 2000년은 무사히 왔다.

과학적 근거가 있더라도 대응에 차이가 있어야 한다. 막연히 확률이 있다고 소행성 충돌에 대비해 화성 이주를 착수하거나, 외계인의 침입에 대비해 지구 방위군을 조직할 수는 없다. Y2K는 다르다. 확률이 높았고, 대응 방법도 있었기 때문에 극복할 수 있었다. 필요할 때는 행동해야 한다. 세월이 흘러 종말론에 빠지는 사람도 없고, 네시도 술안주가 되지 않는다.

그런데, 요새 지구를 걱정하는 사람들이 다시 늘었다. '기후변화(climate change)' 때문이다. 인류가 남용하는 화석연료 때문에 지구가 더워지고 있다. 당장 행동하지 않으면 기상이변으로 인류의 미래가 위험해진다. 다시 흥미진진하고 묵직한 주제가 생겼다. 놀랍게도 이는 미스터리가 아니다. 무려 97%의 과학자들이 동의하는 '과학적 근거'가 있다. 문제는 과도한 염려와 반응이다.

지구가 심각한 기후 위기에 처해 있고, 당장 행동을 취하지 않음으로써 큰 재앙이 온다면 우리는 다른 모든 걸 멈추고서라도 그것을 막아야 한다. 과연 그럴까?

2. 내일 이후 그날(the Day after Tomorrow)

사람들에게 경종을 울리려면 지구가 더워져서 폭염이 잦아지고, 비가 많이 와서 물난리가 크게 난다고 말하는 정도로는 부족하다. 적어도 영화로 만들려면 말이다. <투모로우(the day after tomorrow)>는 기후 재앙을 다룬 대표적인 걸작이다. 원제를 직역하면 '내일모레'지만, 아마도 '당장 내일은 아니지만, 곧 다가올 그날'이 원제의 함축적 의미일 것이다.

줄거리는 이렇다. 고(古)기후학자 홀(Jack Hall)은 남극의 라르센 빙붕에서 얼음 표본(ice-core samples)을 채취하다가 빙붕이 붕괴하는 사고를 겪는다. 온난화의 경고를 체험한 홀은 UN 기후 회의에서 기후변화로 빙하시대가 도래할 수 있다고 역설하지만, 미국 부통령은 이를 무시한다. 그의 예측대로 열대 온기를 북극으로 전달하는 멕시코 만류가 그린란드에서 녹은 차가운 물로 막혀 기상이변이 일어난다. 캐나다와 미국에 영하 100℃의 한파가 몰아쳐 모든 게 얼어붙는다. 날아다니는 헬기도 날개가 얼어서 추락한다. 북반구의 절반이 얼어붙는다.

2004년 제작된 영화의 감독 겸 원작자인 에머리히(Roland Emmerich)는 1996년엔 외계인이 UFO를 타고 지구를 침략한다는 <인디펜던스 데이(Independence day)>를 만들었다.

3. 최악의 기후 재앙은?

영화는 픽션이라 어느 정도 과장하는 측면이 있지만, 일면의 진실을 담는다. <투모로우>는 기후변화가 초래할 최악을 보여준다. 빙하가 녹아 해류를 교란해 빙하기가 오고, 바다가 높아져 도시들이 물에 잠긴다. 놀랍게도 그런 징조가 있다!

빙하는 녹고 있다. 히말라야와 알프스, 그린란드, 북극과 남극 곳곳에서 얼음과 눈이 사라지고 있다. 기후변화의 전도사 앨 고어(Al Gore)의 『불편한 진실(an inconvenient truth)』을 통해 널리 알려졌다. 앞으로는 킬리만자로의 만년설을 보지 못할 것 같다. 이미 85%가 녹았고, 빠르면 2040년에 이마저 사라질 것이다. 알프스 빙하도 녹고 있다. 2022년 여름 마르모라다 산 절벽에 붙어있던 거대한 얼음(Marmorada serac)이 떨어져 '관광객들'이 놀랐다. 세계의 지붕 히말라야도 녹고 있다. 히말라야에서 흐르는 인더스강, 갠지스강, 양쯔강, 황하, 메콩강에 17억 인구가 의지하고 있다. 만년설이 사라져 여름에 눈이 녹은 물이 내려오지 않으면, 강은 마를 것이다.

북극해(Arctic Sea)는 심각하다. 더운 9월, 40%의 해빙이 녹아 사라진다.[9] 쪼개지는 얼음에 갇힌 북극곰은 기후변화의 상징이 되었다.[10] 그린란드(Greenland)는 섬의 가장자리 빙하가 녹고 있다.[11] 남극(Antarctica)은 2002년 대륙 서쪽 끝의 라르센 B 빙붕이 떨어져 나갔다. 제주도 2배인 3,250㎢짜리다. <투모로우>의 장면이다. 1995년엔 라르센 A 빙붕이, 2017년엔 충청북도만 한 라르센 C 빙붕이 쪼개졌다. 그린란드의 얼음이 녹으면 지구의 바다는 7미터 올라갈 것이다. 재앙이다. 남극의 얼음이 녹으면? 무려 60미터가 올라가니까…… 생각조차 하기 싫다.

　빙하가 자꾸 녹으면 멕시코 만류를 교란할 수 있다. 적도 바다의 뜨거운 물은 카리브해로 들어왔다가, 플로리다에서 북상한다. 세계에서 가장 큰 난류, 멕시코 만류(Gulf Stream)다.[12] 지구의 거대한 온수 펌프다. 만류가 서유럽에 닿으면 북대서양 해류(North Atlantic Current)라 불린다. 필자는 2021년 11월 UN 기후총회 'COP 26'에 참석차 글래스고로 갔다가, 온화한 스코틀랜드 날씨에 감동하였다. 글래스고의 위도는 북위 55°로 모스크바와 같지만, 북대서양 해류 덕분에 따뜻하다. 해류는 북으로 갈수록 차가워져 무거워진다. 결국, 그린란드 부근에서 심해로 가라앉아 방향을 바꾸어 남으로 향한다. 이것이 '북대서양 자오선 순환(Atlantic Meridional Overturning Circulation)'이다. 빙하가 자꾸 녹아 차가운 물이 늘어나면, 북상하는 멕시코 만류가 느려지고, 따뜻한 물이 아예 올라오지 못할 수 있다. 영화의 그것이다.

　불안하게 美 기상청(NOAA)도 한술 뜬다. "자오선 순환은 느리지만, 더 느려지고 있다는 증거가 있다."[13] 최근 덴마크팀의 연구[14]도 그렇다. 국내 언론이 "영화 '투모로우' 현실화? … AMOC·멕시코 만류 붕괴" 등으로 보도하였다.[15] 큰일이다. 따뜻한 해류가 올라오지 않으면 영화처럼 빙하시대가 될 텐데…. 실제, 2014년 정초 북미에 대한파가 닥쳤다. 영화처럼 헬기가 날다가 얼어붙지는 않았지만, 물을 뿌리면 바로 얼음이 되었다. 우리나라도 2022년의 12월은 역대 가장 추운 겨울 중 하나였다. 지구 온난화로 빙하시대가 오다니….

따라서, 기후변화로 초래될 최악의 재앙은 다음과 같다.

· 그린란드의 빙하가 녹으면, 해수면이 7미터 상승한다.

· 남극의 빙하가 녹으면, 해수면이 60미터 상승한다.

· 북극·그린란드 얼음이 녹으면, 적도의 따뜻한 물이 막혀 빙하기가 온다.

'내일 이후의 그날'이 올까?

4. 내일모레, 기후 재앙은 오지 않는다

단도직입적으로, 기후 재앙은 없을 것이다. 지구가 걱정되어 밤을 설치지 않아도 된다. 문외한 필자의 말을 어떻게 믿냐고? 믿지 않을 이유가 없다. 근거가, IPCC 최신 6차 보고서이다.

· 여름철 북극의 해빙은 거의 모두 녹을 것이다.[16]
· 그린란드의 빙상은 계속 녹을 것이다.[17]

· 남극 빙상은 녹지 않는다.[18]

· 북대서양 자오선 순환(AMOC)은 멈추지 않을 것이다.[19]

- 빙하

온난화로 갑자기 빙하가 확 녹기 시작해서 더 이상 돌아올 수 없는 다리를 건너는 것을, 임계점(tipping point)이라 한다.[20] 임계점을 건너면 파국이다. 탄소를 줄여 온도를 다시 낮추어도, 녹는 게 멈추지 않기 때문이다. IPCC 보고서는 그런 파국은 적어도 2100년까지는 오지 않는다고 한다. 극적인 영화의 장면들은 현실에서 기대하지 않아도 좋겠다.

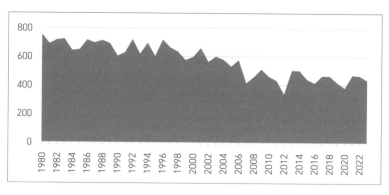

<그림 6> 북극의 해빙 최소 면적(단위: 만 ㎢), NASA 인공위성[21]

1980년 700만 ㎢를 넘던 9월 해빙이 400만 ㎢ 수준으로 확 줄었다. 2100년 여름에는 대략 80만 ㎢만 남아있을 것이다.[22] 심지어 겨울에도 녹을 것이다. 북극에 얼음이 없어지면 큰일 아닌가?

너무 걱정하지 않아도 된다. 북극해의 얼음은 녹아도 해수면이 올라가지는 않는다. 물에 떠서 있는 해빙(海氷, sea ice)이기 때문이다.[23] 물컵의 얼음이 녹아도 넘치지 않는 이치다. 또한, 두께가 2~3미터로 얇다. 온도가 오르면 쉽게 녹는다. 반대로, 온도가 내려가면 다시 언다. 돌이킬 수 있으니, 파국이랄 게 없다.[24] 필자는, 북극 해빙이 유독 2000년대 크게 줄고, 이후 감소세가 정체되는 걸 주시한다. CO_2 말고도 대기오염의 영향이 있다고 본다. 이는 3부에서 자세히 보겠다.

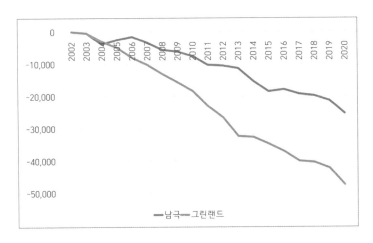

<그림 7> 남극/그린란드 빙상 질량(단위: 억 톤), NASA/JPL, Our World in Data

그린란드와 남극의 빙하도 녹고 있다. 2002~2020년까지 그린란드에서는 4.7조, 남극에서는 2.5조 톤의 빙하가 녹았다. 1조 톤의 빙하가 녹으면 해수면이 3mm 오른다. 18년 동안 2.2cm 올린 셈이다. 큰일 난 것인가? 그렇지 않다. 어마어마하게 빙하가 녹은 것 같지만, 그

린란드의 빙하는 모두 290만 ㎢, 즉 2,900조 톤이 있다. 따라서, 18년 동안 0.16% 녹은 것이다. 남극은 2,650만 ㎢, 즉 2경 6,500조 톤이다. 따라서, 0.009% 녹았다.

우리는 간빙기에 살고 있다. 빙하기의 절정(Last Glacial Maximum)이었던 2만 년 전부터 빙하는 계속 녹고 있다. 그간 해수면은 130m가 높아졌다. 과거 동해는 육지였고, 일본까지 걸어서 다닐 수 있었다. 간빙기에 빙하가 녹는 것은 당연하므로, 녹는 속도가 빨라지지 않으면 너무 걱정하지 않아도 된다는 뜻이다.

그린란드는 바다와 맞닿는(marine-terminating) 가장자리 해안의 빙하가 녹는다. 그러한 빙하가 215개 있다. 빙하는 계속 녹을 것이다. 그러나, 빙하가 녹는 속도가 갑자기 마구 빨라지지는 않을 것이다(No abrupt change). 아쉽게도 빙하가 녹는 것 자체를 막을 수는 없다(irreversible).[25] 간빙기 아닌가. 시간이 많이 흐르면 중앙의 빙하도 녹을 것이다. 빙하가 다 녹으려면 얼마나 걸릴까? 유력한 연구[26]에 따르면, 1만 년이 걸린다. 우리가 대책을 마련하기에 시간이 촉박하지는 않다. 아마도, 그때쯤 우리는 빙하기가 다시 오는 걸 걱정하고 있을지도 모르겠다. 그린란드(Greenland)가 말 그대로 '푸른 땅'이 되는 일은 아무래도 이번 간빙기에는 어려울 것 같다.

남극의 빙하는 너무 거대하다. 그린란드 빙하의 열 배다. 남극의 빙하는, 그래서, 녹을까 걱정하지 않아도 된다. 하지만, <그림 7>을 보니

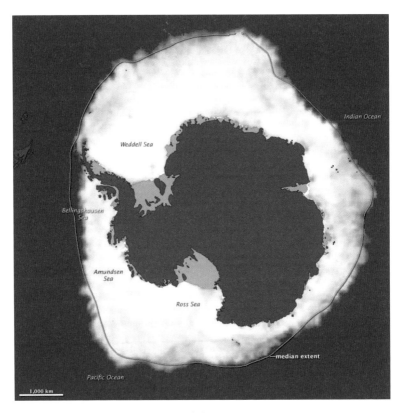

<그림 8> 남극 빙상/빙붕/해빙, NASA(Goddard Space Flight Center)

남극 빙하도 적지만 녹고 있다. 그리고, 영화에서 홀 박사가 겪은 붕괴…. 걱정하지 말자. 그건 '빙붕'이다. 원래 취약한 부분…. 통상 말하는 빙하는 '빙상(氷床, ice sheet)'이다. 밥상·책상처럼 빙상은 육지를 판처럼 덮은 '얼음판'이다. 위 그림의 시커먼 부분이다. 반면, '빙붕(氷棚, ice shelf)'은 '얼음 선반', 그러니까 빙하가 가장자리로 흘러서 바다로 삐져나와 대롱대롱 매달려 있는 것이다. 위 그림의 회색이다. 영화의 라르

센 빙붕은 웨델해(Weddell Sea)에 있다. 로스해(Ross Sea)의 빙붕도 크다.

빙하(氷河, glacier)는 이름 그대로 '강처럼' 흐른다. 빙상에 얼음이 두꺼워지면, 무게를 이기지 못하고 중력에 의해 얼음이 가장자리의 빙붕으로 밀린다. 따라서, 빙붕이 툭 바다로 떨어져도 놀랄 필요는 없다. 빙붕은 깨지기 쉬운 것이다. 앞으로 기온이 오르면, 떨어져 나가는 빙붕이 더욱 많아질 것이다. 하지만, 두꺼운 남극 빙상은 거기에 그대로 있다. 앞으로도 그럴 것이다.

- 대서양 자오선 순환(AMOC)

빙하가 녹으면 멕시코 만류가 위험하다. 영화에서 빙하기를 부른 녀석이다. 그럴 염려는 없다. 영화는 재미있게 보고, 지구 걱정은 하지 않아도 되겠다. IPCC의 입장은… 관심이 없나 보다. 요약본에는 언급이 없다. 본 보고서(Assessment Report 6)는 "북대서양 순환이 20세기에 약해졌다는 낮은 확신이 있다"라고 한다.[27] 반면, 앞으로는 "순환이 약해지지만, 붕괴하지는 않는다" 한다.[28] 이러쿵저러쿵하지만, 만류가 행진을 멈출 일은 없다는 말이다.

2004년부터 부표를 놓아 북쪽으로 가는 멕시코 만류(Gulf Stream)와 남쪽으로 향하는 대서양 심해수(MOC)를 재고 있다. 애매하지만, 큰 변화가 있다고 보기 어렵다. 만에 하나, 순환(AMOC)이 붕괴하면 어떻게 될까? 실제 1만 2천 년 전(Younger Dryas Event) 일시 붕괴한 적이 있다. 이

때 사하라, 유럽, 아시아에 비가 덜 오고 건조해졌다.[29] 빙하기가 다시 오지는 않았다. 북대서양 순환이 붕괴하여 빙하기가 오지는 않는다. 그러면, 요새 북극 한파는 어떻게 된 것인가?

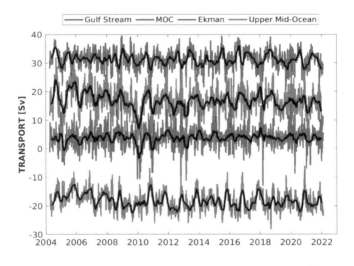

<그림 9> 북대서양 자오선 순환(AMOC)의 세기(sverdrup), RAPID[30]

"(북극 해빙 감소로 인한 강한 음의 북극 진동 발생) (2022년) 12월 북반구에서는 음의 북극 진동이 강하게 지속되면서 우랄산맥 부근에서는 블로킹이 발달하였고, 우랄산맥의 풍하(바람이 불어나가는 방향) 측인 우리나라를 비롯한 동아시아 지역으로 찬 북풍이 자주 유입되었음." 우리 기상청의 보도 자료이다.[31] 음악 시간도 아닌데 '음의 북극 진동'은 대체 무엇이고, 배구도 아닌데 '블로킹'은 왜 등장할까? '해석'하면 대강 이런 뜻이다.

보통 때(양의 북극 진동)에는 북극의 찬 공기(polar vortex)가 제트 기류에 막혀 북극에 머물러 있다. 그러나 북극의 해빙이 녹아 따뜻해지면, 제트 기류가 약해져 찬 공기가 남쪽으로 밀려와서(음의 북극 진동) 우리나라에 '북극발 한파'를 일으킨다. 아무튼, 대서양 자오선 순환이 무너져서 그런 것은 아니지만, 북극의 얼음이 녹아서 북극 한파가 우리나라까지 온다는 것이다.

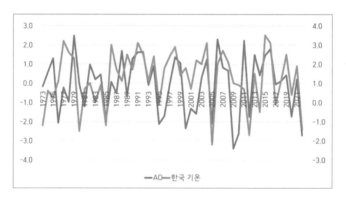

<그림 10> 12월 북극 진동(Arctic Oscillation, 좌)과 한국 기온(우), NOAA/기상청

분명 12월의 한파는 북극 진동이 음일 때 발생하는 경향이 있다. '진동'이란 반복된다는 말이다. 계속 반복되고, 특별히 양이 음으로 바뀌고 있지 않다. 북극이 녹는다고, 진동 주기가 달라진 게 없다. 예나 지금이나….

"중앙관상대는 24일 상오 6시를 기해 전국에 한파 경보를 내리고 25일부터 사흘간 영하 18도의 매서운 추위를 경보했다. … 관상대는 이번 한파가 북극지방의 ‘포러·제트’ 한랭 기류가 급속도로 뻗쳐왔기 때문이라고 설명했다(경향신문 1965. 12. 24일 자, 3면).”, “미국의 중부·동북부·중서부 등지에서는 일부 지역에서 기온이 섭씨 영하 29도까지 내려가는 등 1개여 월 동안 빙점 이하의 추운 날씨가 계속되고 있는 가운데 … 28일에는 북극의 한파가 중부 및 동북부를 엄습, 수백만 시민들의 생활을 위협하고 있다(매일경제 1977. 1. 29일 자, 7면).” 영화 <투모로우>는 1970년대에 미리 나왔으면 좋았을 것이다.

한편, 태평양에서는 적도의 열을 추운 곳으로 전달해 주는 것이 구로시오 난류(黑潮 海流)이다. 지구 온난화로 구로시오가 세지는 걸 걱정하는 이가 늘고 있다. 멕시코 만류는 약해진다고 하는데, 이래저래 복잡한 세상이다.

- 육지의 빙하

킬리만자로·알프스·히말라야의 만년설은 육지 빙하(land ice)라 한다. 이들은 결국 없어질까?

“산의 빙하는 수십 년 또는 수 세기 동안 계속 녹는다.”[32] IPCC 보고서의 말이다. 밋밋하다. 언제 다 녹는다는 것인가? IPCC의 보수적 태도는 이해할 만하다. 3차 보고서에서 한 논문의 ‘2350년’을 잘못 옮겨, 히말라야 빙하가 2035년에 다 녹는다고 했다가 곤욕을 치렀다. 최근의 유력한 연구[33]에 따르면, 육지 빙하가 다 녹는 데는 200년이 걸린다.

　필자는 육지 빙하가 녹는 원인이 다양하다고 본다. 킬리만자로 등반을 좋아하는 이들이 있다. 만년설이 없어진다고 아쉬워한다. 만년설을 아낀다면 킬리만자로에 가지 않는 게 좋겠다. 등반객이 늘어나는 것도 킬리만자로가 녹는 원인 중 하나이기 때문이다. 알프스로 모여드는 관광객, 히말라야의 베이스캠프에 버려진 쓰레기, 남아시아의 하늘을 잔뜩 덮고 있는 검은 연기와 블랙 카본…. 육지 빙하가 사라지는 원인은 기후변화 말고도 너무 많다.

　자세한 이야기는 3부의 먼지 편에서 하겠다.

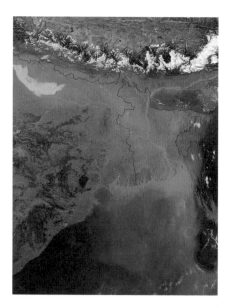

<그림 11> 히말라야를 덮고 있는 먼지, NASA(MODIS)[34]

지금까지 최악의 기후 재앙을 살펴보았다. 최악도, 기후 재앙도 없다. 하나하나 들다 보니, 차라리 IPCC 보고서에 적혀 있는 것들을 망라하는 것도 좋겠다는 생각이다. 종합판으로 보자.

5. 기후 재앙 시리즈

기후 재앙 시리즈는 끝이 없다. IPCC 보고서를 뒤져 재앙이 될 만한 것을 모아보았다.

- 향후 2천 년간, 온도가 2℃ 오르면 해수면은 2~6m 오른다(낮은 확신).[35]
- 사이클론이 더 자주 발생할지 낮은 확신이 든다.[36]
- 온난화로 영구동토층의 해동이 가속된다(높은 확신).[37]

– 해수면 상승

먼저, 해수면 상승(sea level rise)을 보자.

인도양의 낙원 몰디브(Maldives)는 1,192개의 아름다운 산호섬으로 이루어졌다. 해발고도가 1.5미터에 불과하여, 세계에서 가장 낮은 나라다. 1988년 몰디브 정부는 기후변화로 30년 안에 몰디브의 모든 섬이 사라질 것이라 밝혔다. 2008년에는 대통령이 새 영토를 구하고 있다고 말한다. 몰디브가 잠기기 전 서둘러 관광을 다녀오려는 붐이 일었다.

부산 해운대 백사장도 해수면 상승을 겪고 있다. '매일경제'[38]에 따르면, 2016년 백사장 넓이는 13만 ㎡가 넘었는데, 2020년 11만 ㎡로 16%나 줄었다. 폭도 67m에서 62m로 줄었다. 어릴 때 갔던 해운대가 더 넓었던 것 같기도 하다. 이런 뉴스를 접하면 '해수면 상승'을 피부로 느낀다. 바다가 높아져 열대의 수려한 산호섬과 명품 해수욕장을 모두 집어삼킬까?

걱정할 필요가 없다. IPCC 보고서를 보자. 1901년부터 2018년까지 118년 동안 지구 해수면은 20cm 올랐다.[39] 1971년까지 매년 1.3mm, 2006년 이후는 매년 3.7mm 오른다. 3배나 빨라졌지만, 10년에 3.7cm, 100년에 37cm에 불과하다. "2천 년 동안 최대 6m 오른다"니 감흥이 없다. 지난 2만 년 동안 바다의 높이는 이미 130m나 올랐다. 빙하기에 동해는 육지였고, 북해도 말라서 영국과 유럽이 이어져 있었다.

IPCC의 미래 전망 중 시나리오 2(SSP 2)가 현실적이다. 이에 따르면, 2100년 56cm, 그리고 2150년에 가면 92cm 오른다.[40][41] 대략 1년에 6mm씩 올라간다는 말이다. 앞으로 100년이 지나도 바다의 수위는 1m도 오르지 않는다.

몰디브는 영토 80%가 높이 1m 미만의 산호섬(coral island)이다. 해저화산에 산호가 붙고, 산호초 위에 모래가 쌓여 섬이 되었다. 그래서, 태평양과 인도양에 무수히 흩뿌려진 산호섬은 원래 고도가 낮다. 일반

섬과 다르다. 희소식이 있다. 2020년 英 플리머스 대학교에 의하면,[42] 범람으로 모래가 계속 쌓여 산호섬 고도가 오히려 올라간다는 게다. 자연의 힘은 오묘하다. 한편, 사라질 산호섬을 찾는 관광객이 늘고 있다. 2008년 연간 60만 명이던 몰디브 관광객은 2019년 170만 명으로 늘었다. 사람이 살 수 없는 곳이 된다던 몰디브의 인구도 2000년 27만 명에서 2020년 55만 명으로 늘었다.

해운대 백사장의 모래가 사라지는 건 오래된 이야기다. "해운대는 무분별한 개발 때문에 벌어지는 현상이다. 86년 수영만 매립을 시작하면서 낙동강 하류의 흐름이 바뀌어 강으로부터 모래 유입이 원초적으로 봉쇄됐다. 또 해변가에 고층 건물이 들어서면서 바람의 방향을 바꿔놨기 때문에 모래가 쌓일 방도가 없다는 것이다. 이 때문에 70년대에 70~80m에 이르던 해운대 백사장 폭이 해마다 3m씩 줄어들어 지금은 평균 30m로 쪼그라들었고 이대로 가면 10년 후엔 모래사장이 자취를 감출 지경에 이르렀다(조선일보 1993. 3. 10일 자, 27면)." 다른 이유 때문이라고? 해양수산부의 설명도 들어보자.

"동해안의 아름다운 백사장이 점점 줄어들고 있다. … 이와 같은 해안 침식은 왜 발생하는 것일까? 해수면 상승과 지구 온난화가 해안 침식의 한 원인으로 꼽힌다. 그러나, 무엇보다 무분별한 개발이 해안 침식을 유발하는 큰 요인으로 지목되고 있다. 도시화에 따른 육상에서의 모래 공급 격감과 골재 자원 확보를 위한 해사(海沙) 채취, 그리고 모래의 흐름을 교란시키는 인공 구조물 설치가 그 원인이라는 것이다."[43] 오늘날 해운대 백사장은 육지에서 가져온 모래를 퍼부어 인공적으로 운영한다. 기후변화가 아니라 해안 침식 때문이다.

역시 희소식이 있다. 연안 침식에도 불구하고 우리나라의 국토 면적은 계속 늘고 있다. 2021년 남한 면적은 10만 413㎢로, 10년 전 비해 284㎢ 늘었다. 여의도만 한 땅 98개가 생긴 셈이다.[44] 간척 사업 같은 인간의 활동이 연안 침식을 이기고 도리어 국토를 넓히고 있다.

- 태풍과 자연 재난

다음은 태풍(Typhoon), 즉 열대 저기압이다. '사이클론(tropical cyclone)'이라 통칭하고, 북미는 허리케인(hurricane), 서태평양은 태풍(颱風)이라 부른다. 상식적으로 온도가 오르면 태풍이 더욱 자주, 강하게 불어야한다. 그런데, IPCC는 사이클론이 많아질지 확신이 낮다고 한다. 왜일까?

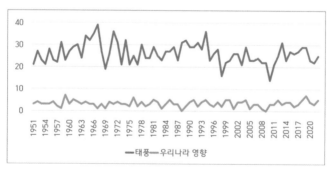

<그림 12> 연도별 태풍 발생 수, 우리나라에 영향을 준 태풍 수, 기상청[45]

놀랍게도, 지난 70년간 태풍의 숫자는 늘지 않았다. 우리나라에 영향을 준 태풍도 연간 5개 내외로 변동이 거의 없다.

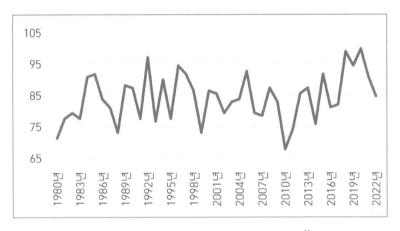

<그림 13> 세계 사이클론 발생 빈도, Statista 2023[46]

태풍, 허리케인을 비롯해 세계적으로 발생한 사이클론을 모두 모아 보았다. 지난 40여 년 약간 늘었다. 그러나, 1980년대에는 매년 83개, 지금은 86개로, 늘어난 차이가 작다. 추세적으로 늘고 있다고 말하기는 이르다.

강한 태풍이 근래 많을까? 이재민을 많이 발생시킨 태풍을 들어보자.[47] 1987년 셀마(99,516명), 2002년 루사(63,085명), 2003년 매미(61,844명)가 압도적으로 악명이 높았고, 우리 기억에도 그렇게 남아있다. 매미 이후에는 1만 명 이상 이재민을 낸 태풍이 없다. 2021년 포항을 강타한 힌남노는 2,700여 명이었다. 역대 1위는 사실 1959년에 온 사라호 태풍이다. 무려 37만 명이다. 태풍의 강도인 최저 해면 기압으로도 보자. 기압이 낮을수록 위력이 세다. 역대 1위는 1959년 사라호(951hPa)이고, 그 뒤를 2003년 매미(954hPa), 2009년 마이삭(957hPa)이 잇는다. 태풍이 최근 들어 강해졌다는 증거는 없다.

태풍은 필리핀 동쪽의 바다에서 주로 잉태된다. 적도가 아니라, 북위 5~15도인 이 바다가 가장 뜨겁기 때문이다. 지구의 온난화는 열대가 아니라 주로 극지방과 고위도에서 강하다. 따라서, 지구가 더워지더라도 열대 바다에서 태어나는 태풍에 어떤 변화가 올지 예상하기 어렵다. 바람과 해류는 미지의 세계이다. 아무튼, 태풍이 더 자주, 더 세게 오지는 않고 있다.

귀찮게 하나하나 따지지 말고, 자연 재난 전체를 비교하는 것도 좋겠다. 태풍 외에도 집중호우, 홍수, 가뭄, 산불 등 지구 온난화가 초래할 기상이변의 종류가 다양하기 때문이다.

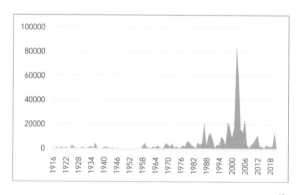

<그림 14> 자연 재난 피해액(단위: 억 원. 2021년 금액 기준), 행정안전부[48]

자연 재난의 피해액으로 보니 연도별 부침이 심하다. 압도적인 것은 8조 6천억 원의 2002년과 6조 원의 2003년이다. 물론, 태풍 루사와 매미 때문이다. 자연 재난에서 태풍이 미치는 영향이 절대적임을 알 수 있다. 20세기 초 미미하던 피해액이 20세기 후반이 되면 크게 는다. 과거 피해액은 과소평가되었을 수 있다. 다른 지표도 보자.

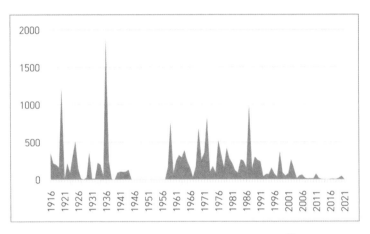

<그림 15> 자연 재난 인명 피해(단위: 명), 행정안전부[49]

인명 피해, 즉 사망·실종자 수로 비교하니 전혀 다른 그림이 되었다. 1936년 1,916명이 역대 최고다.[50] 강원도와 경상도를 덮친 '병자년 물난리'가 있었다. 1,264명의 1920년에는 서울에 355mm의 폭우가 내렸다. 최근엔 방재 인프라가 잘 갖춰져 옛날처럼 대규모 인명 피해가 나지 않는다. 따라서, 피해액이나 인명 피해나 모두 지표에 한계가 있다.

필자는 2021년 기후변화총회(COP 26)에서 앨 고어의 강연을 들었다. 그가 보여준 수백 장 슬라이드에 찍힌 기상이변이 모두 기후변화 때문은 아닐 것이다.

- 영구동토층 해동

'영구동토층 해동'은 말하자면, 요새 한창 뜨는 기후 재앙 시리즈라 하겠다. 이른바 지구의 여섯 번째 대멸종 어쩌고 하는 이야기의 단골 메뉴다.[51] 오르내리는 재앙도 점입가경이다. 언 땅이 녹아 흐늘흐늘해지면 집과 도로가 무너진다. "메탄", "폐광의 석유", "핵폐기물", "고대 바이러스" 등 언 땅에 숨었던 온갖 '나쁜 것들'이 기어 나온다. "썩지 않고 묻힌 식물"이 썩으면 CO_2가 나온다.

영구동토층(permafrost), 즉 '영구히 얼어있는 땅'의 크기는 어마어마하다. 북극 해안, 시베리아, 알래스카, 알프스, 티베트고원 등 1,800만 ㎢로, 북반구 육지 면적의 24%이다. 남한 면적의 180배이다. 광활한 불모지가 참으로 많다.

동토가 전부 얼어있는 땅은 아니다. 위의 검은 땅, '활동층(active layer)'은 여름에는 녹고 겨울에는 다시 언다. 물이 있어 풀이 자란다. 활동층 밑에 '얼음층(Ice Wedge)'이 있다. 얼음이 하얗게 얼어있다. 여름에도 계속 얼어있는 땅이다. 2년 이상 계속 얼어있으면, 동토라고 부른다.

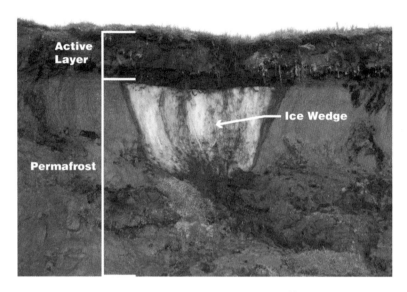

<그림 16> 활동층과 얼음층, NASA 재인용[52]

추운 곳일수록 활동층 두께(active layer thickness)가 얇고, 얼음층은 두껍다. 북극 해안은 활동층이 30cm가 안 되지만, 동토의 경계인 남부 시베리아는 2m가 넘는다. 2m를 파야 땅이 얼어있다는 뜻이다. 영구 동토층의 해동(解凍)은 어느 날 갑자기 짠~ 하고 언 땅이 녹아서, 물이 차고 흐물흐물해지는 게 아니다. 조금씩 활동층이 두꺼워지는 것이다.

그럼, 광활한 오지의 땅속을 측정해 볼까? 빙하는 인공위성이 재고, 바닷속은 부표를 띄우거나 가라앉히지만, 땅속은 어렵다. 구멍(borehole)을 뚫고 탐사 막대기(probe)를 넣어야 한다. 딱딱한 얼음층이 나와서 막히는 데가 활동층의 끝이다. 여기에 온도계를 집어넣어 온도를 잰다.

아래 그림은 그러한 수백 개 장소 중 몇 개이다. 북극과 가까운 추운 곳에서는 정말 동토의 온도가 올라간다. 그런데, 여름에 영하를 가까스로 유지하는 동토의 남쪽은 온도 변화가 거의 없다.[53] 난처한 결과다. 상식과 달리, 따뜻한 남쪽은 풀릴 기미가 없다. 이는 온난화가 북극에 유독 크기 때문이다. 반면, 남부 시베리아는 온도가 오르지 않고 있다. 활동층의 두께는 어떨까? 측정 지점마다 제각각이다. IPCC도 분석 결과를 제공하지 않는다.[54]

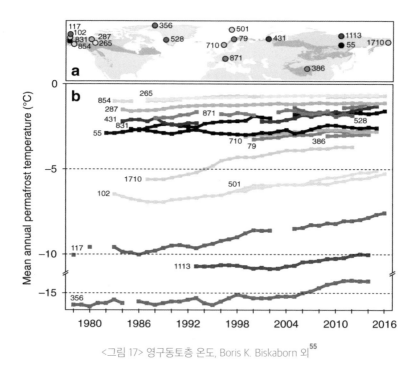

<그림 17> 영구동토층 온도, Boris K. Biskaborn 외[55]

2012년 UN 환경계획(UNEP)이 야심 차게 「영구동토층 온난화의 정책적 함의(Policy Implications of Warming Permafrost)」라는 보고서를 내었다.

해동이 걷잡을 수 없어 2100년 80%의 동토층이 사라지고, 썩지 않은 식물들이 노출되어 공기 중 CO_2의 2배인 1조 7천억 톤의 어마어마한 CO_2가 삐져나올 거라는 충격적 시나리오였다.[56] 이제는 멋쩍게 되었다. IPCC는 "해동은 계속되지만, 마구 폭주하여 지구 온난화를 가속하지는 않을 것"이라 한다.[57] "냉동 식물이 녹아 CO_2가 스며 나오겠지만, 지구 전체 탄소량을 변화시킬지 확신이 낮다"라고 한다.[58] 시베리아의 땅이 갑자기 녹아서 메탄가스가 솟구치고, 숨겨둔 핵폐기물과 고대 바이러스가 속출하는 기상천외한 일을 기대하기는 어려울 듯하다.

6. 기후 재앙은 버리고, 지구 온난화를 알자

기후 재앙이 온다는 막연한 불안은 근거가 없다. 그러니, 지구를 지키는 독수리 5형제가 되지는 말자.

기후 위기니, 재앙이니 하는 군더더기를 버리면 지구 온난화에 집중할 수 있다. 어떤 것에 집중하면 될까? 지구의 온도가 올라가고 있는 것 자체이다. 다음 장의 주제이다.

엑스 파일에서, 폭스 멀더의 사무실엔 <나는 믿고 싶다(I want to be-

lieve)>라는 포스터가 걸려 있다. UFO가 아닌 기후변화에서는, 그런 포
스터는 없다.

<그림 18> 멀더 사무실[59]

제2장
지구는 10년에 0.2℃씩 더워지고 있다

1. 산업혁명 이후 1.09℃ 올랐다

· 세계 온도는 1.09℃(0.95~1.2℃) 올랐다.[60]

· 육지는 1.59℃, 바다는 0.88℃ 올랐다.

IPCC 「정책결정자를 위한 요약본」(SPM) 첫 장에 나오는, 간판 문구이다.

그림 19의 왼쪽은 「들어가며」에서 본 하키 스틱 그래프이다. 그런데, 1850년 이전의 온도는 온도계로 잰 게(observed) 아니다. '나무의 나이테'와 같은 '대리(proxy)'로 재현(reconstructed)한 것이다. 진짜가 아니니, 믿을 수 없다. 오른쪽은 1850년 이후만 간추린 온도다. 온도계로 잰 진

짜 온도다.

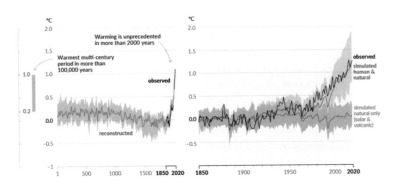

<그림 19> 세계의 온도 편차(temperature anomaly), IPCC[61]

그런데, 2020년 온도가 1850년보다 1.09℃ 올랐다는 뜻이 아니다. 매년 매년은 변동이 커, 몇 년씩 모아 비교한다. '2011~2020년을 평균한 값'이 '1850~1900년을 평균한 값'보다 1.09℃ 높다는 뜻이다. 성가시지만 어쩔 수 없다.

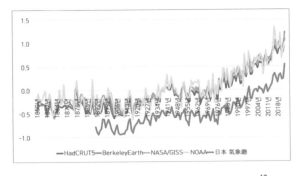

<그림 20> 세계의 온도 편차(단위: ℃), 각 기관 홈페이지[62]

세계 온도는 한 기관이 내지 않는다. IPCC가 직접 재어서 발표하는 것도 아니다. 여러 기관이 나름 기준을 가지고 발표하고, IPCC가 이를 종합한다.

영국 기상청(HadCRUT5), 미국 기상청(NOAA)·우주항공국(NASA), 일본 기상청, 그리고 버클리 대학교(Berkeley Earth)의 5개 기관이 발표하는 온도가 그림에 있다. 흐름이 비슷하다[63](일본 기상청이 낮아 보이나, 1991~2000년 기준이라 그렇다. 최근을 기준점으로 하면 낮아 보인다).

Dataset(℃)	평균 온도(GMST)	육지 기온(LSAT)	바다 온도(SST)
HadCRUT5	1.12	1.55	0.94
NOAA	1.02	1.69	0.75
NASA	-	-	-
Berkeley Earth	1.14	1.60	0.96
중국 MST	1.49	-	-
Kadow 외	1.09	1.61	0.88
Cowtan-Way	1.04	1.54	0.84
Vaccaro 외	0.97	1.47	0.77
평균(Average)	1.09	1.59	0.88

<표 1> 평균 온도의 도출 과정, IPCC[64]

NASA, 일본 기상청 등 1850년 온도가 없는 곳은 제외하고, 취합하여 평균을 내었다. 1.09℃는 이렇게 해서 나왔다. 여기서 우리는 불편함을 느낀다. IPCC는 산업혁명 이후 현재 1.09℃ 올랐다고 하고, 파리 기후협약에서는 "가급적 1.5℃ 아래로, 최소한 2℃보다는 훨씬 낮게"가 목표라고 한다. 하지만, 도대체 현재 세계 온도는 몇 도란 말인가? 산업혁명 때는 몇 도였고, 지금은 1.09℃가 올라 몇 도란 말인가?

현재와 과거 온도의 차이를 '온도 편차(temperature anomaly)'라고 한다. 그림 19와 그림 20은 온도 편차이다. '온도'가 아니라 왜 온도 '편차'로 표시하는가?

2. 세계 온도는 대략 15℃이다

온도 편차엔 '온도(temperature)'가 숨어있다. 당연하다. 기준이 되는 연도의 온도에서 더하고 뺀 것이 '편차(偏差)'이기 때문이다. 숨은 '온도' 찾기를 해보자. 고맙게 힌트를 주는 곳이 있다. 버클리의 로드(Robert Rohde) 박사는 기준인 1951~1980년 온도가 14.1℃라고 밝힌다.[65] 버클리(Berkeley Earth)의 2023년 온도 편차는 1.23이다. 덧셈은 '수포자'인 필자도 자신이 있다. 결국, 2023년의 온도는 15.33℃라는 말이다. 찾았다!

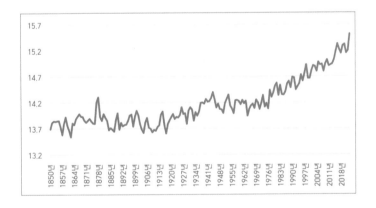

<그림 21> 세계의 온도(단위 ℃), Berkeley Earth(수정)

원하는 그림이다! 1850년은 13.65℃이고, 2023년은 15.33℃이다.

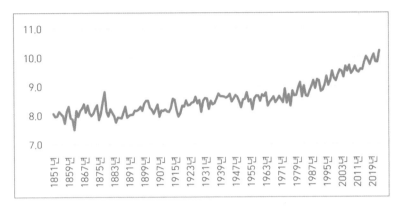

<그림 22> 세계 육지 기온(단위 ℃), Berkeley Earth(수정)

육지 기온도 마찬가지로 낼 수 있다. 1850년 7.78℃이고, 2023년 10.23℃이다. 육지는 겨울에 어니, 얼지 않는 바다보다 온도가 낮다. 그래서, 육지 기온은 세계 온도보다 낮다.

그런데, 절대치로 온도를 구하면서, 판도라의 상자를 연 격이 되었다. 꼬리에 꼬리를 무는 의문이 생긴다. 첫째, 바다 온도는 몇 도인가? 안타깝게도 버클리는 바다 온도를 직접 수집하지 않고, 영국 기상청 (Met Office)의 HadSST4 바다 온도를 갖다 쓴다. 영국 기상청은 힌트를 주지 않는다. 필자가 바다 온도를 절대치로 제시할 재간이 없다.

둘째, 다른 기관도 버클리와 온도가 같을까? 2023년이 15.33℃일까? 버클리처럼 힌트를 주는 곳이 또 있다. 미국 기상청(NOAA)이다. 레베카 린지(Rebecca Lindsey) 박사는 2023년은 20세기 평균보다 1.18℃ 높아 가장 더운 해였다고 한다. 20세기 평균은 13.9℃란다.[66] 그냥 15.08℃라고 하면 될 걸 참 우회적으로 이야기한다. 단, NOAA의 공식 데이터는 2023년 1.01℃ 편차이므로, 이를 따른다.[67]

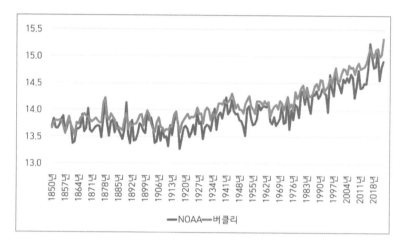

<그림 23> 세계 온도(단위: ℃), NOAA & Berkeley Earth

두 기관을 합치니, 대세는 같으나 미세하게 차이가 난다. NOAA 는, 1850년 13.69℃에서 2023년 14.91℃이다. 버클리는, 13.65℃에서 15.33℃이다. 그래서, 2023년 현재 세계의 온도는 딱 부러지게 이야기할 수 없다. 필자가 "대략 15℃"라고 제목을 붙인 이유다.

차이의 원인은 뭘까? 일단, 관측소 숫자가 다르다. 버클리는 설립자

리처드 뮬러(Richard Muller) 교수가 객관성을 중시해, NOAA보다 많은 관측소를 쓴다.[68] 또한, 데이터가 완벽하지 않다. 온도가 없거나 불완전한 곳은 통계 기법을 써서 처리한다. 기관마다 처리 방식이 다르다.

21세기 첨단 문명을 사는 우리가 현재의 지구 온도를 정확히 알지 못하고, 대략 알아야 한다니…. 대략, 난감하다. 아직, 온도계로 재기에 지구는 너무 넓다. IPCC가 편차만 이야기하는 까닭이다. "산업혁명 때보다 1.09℃ 올랐다." 현재 몇 도인지 말하지 않는다. 우리는 답을 내었지만… "대략 15℃".

《참고 ①》
온도계로 재기엔 지구는 너무 넓다

온도는 '온도계(thermometer)'가 있어야 잰다. 온도계를 처음 만든 이는 과학혁명의 아버지 갈릴레오(Galileo Galilei)로 알려져 있다. 1620년 대 유럽엔 온도계 발명의 붐이 일었다. 처음엔 눈금이 제각각이었다. 1724년 파렌하이트(Daniel G. Fahrenheit)가 '화씨(Fahrenheit)'를, 1742년에는 셀시우스(Anders Celsius)가 '섭씨(Centigrade)' 눈금을 만들어 통일된 관측이 가능해졌다.

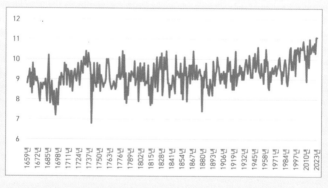

<그림 24> 중부 잉글랜드 기온(단위: ℃), 英 기상청(Met Office)[69]

놀랍게도 1659년부터 기온을 잰 기록이 있다. 현재도 英 기상청이 발표하는 '중부 잉글랜드 기온(Central England Temperature)'이다. 해가 지지 않는 대영제국의 힘을 느끼게 한다.

초기의 기록은 신뢰성이 떨어진다. 눈금이 제각각이었고, 사람에 따라 한 달에 한 번 또는 하루에 한 번 재었다. 아침에 재는지 저녁에 재는지도 원칙이 없었다. 바람이 부는 언덕이나 무더운 푹 꺼진 분지에서 재면 기온이 왜곡된다. 1864년 스티븐슨(Thomas Stevenson)이 백엽상(百葉箱)을 만들어, 온도계를 지상 1.4미터의 높이에 두고 직사광선을 차단한다는 원칙을 세웠다.

1854년 피츠로이(Robert FitzRoy)가 英 기상청(Met Office)을 세워, 국가 차원의 체계적 기상 관측이 시작되었다. 다윈(Charles Darwin)을 태우고 갈라파고스섬으로 간 비글호(HMS Beagle) 선장이기도 하다. 그는 항행 안전을 위해 항구에 관측소를 세우고, 1861년 런던 타임스(The Times)에 '내일의 날씨', 즉 최초의 일기예보를 실었다. 1873년 국제기상기구(International Meteorological Organization)가 발족, 국제 공조가 시작되었다. 1950년 세계기상기구(WMO, World Meteorological Organization)가 된다.

동양에도 기상이 전해졌다. 1872년 일본 홋카이도, 1875년 도쿄에 관측소가 세워졌다. 물론, 세계열강이 청(淸) 제국에도 관측소를 두었지만…. 우리나라에도 1883년 기상 관측이 시작되었다. 고종을 도와 친러정책을 편 풍운아 묄렌도르프(Paul Georg von Möllendorff)가 인천·부산·원산에 해관(海關)을 열고, 하루 6번 관측하였다. 그러나, 그의 기록은 단절되어 이어지지 않는다. 오늘에 이어지는 정식 관측은 1904년 시작되었다. 일본 기상학의 선구자 와다 유지(和田雄治)가 부산과 목포에 임시 관측소를 세웠다. 일본은 러일전쟁에 대비, 조선 항구의 기상이 필요했다.[70] 1904년 4월 목포, 5월 부산에서 관측이 시작되었다.[71]

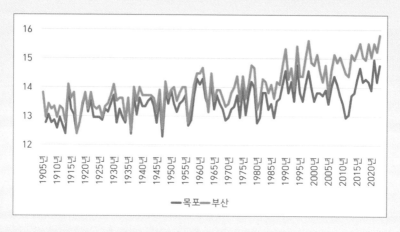

<그림 25> 목포/부산의 기온(단위: ℃, 기상청[72]

해방 직후까지 서울·부산·대구·목포·인천 같은 대도시에만 군데군데 관측소가 있었다. 경희궁 뒤 언덕에 있는 국립기상박물관엔 1907년부터 서울의 기상을 책임지는 서울기상관측소가 있다. 기상청이 전국의 기온을 공표한 것은 1973년부터이다. 이때 비로소 61개의 전국적인 관측망이 완성되었기 때문이다.

우리처럼 과학기술이 떨어지지 않는 나라도 1973년에야 전국 관측

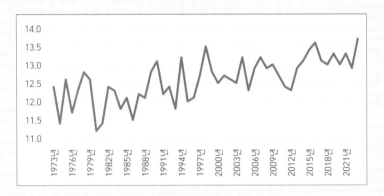

<그림 26> 전국 기온(단위: ℃), 기상청(기상자료 개방 포털)

을 시작했다니 놀라운 일이다. 그래서, 1972년의 전국 기온을 물어보면, 알 수가 없다. 전국 기온의 '전국'은 육지만 포함한다. 바다는 제외다. 바다는 넓어서 부표 몇 개로는 측정이 어렵다. 또한, 공해(公海)는 주권 국가의 영역이 아니다. '전국'에 제주도가 빠지는 이유다. 바다건너 남쪽에 있기 때문이다. 포함하면 전국 기온이 너무 올라간다.

세계의 오지에는 오늘날도 관측망이 없다. 온도계로 재기에는 지구가 너무 넓다. 육지도 완벽히 재지 못하는 실정인데, 바다 온도는 어떻게 잴까?

- 바다의 온도

온도계가 생기면서 사람들은 공기의 온도를 재었다. 땅바닥을 재지 않는다. 그래서, '기온(氣溫, air temperature)'이라 한다. 바다는 그렇지 않다. 온도계를 물속에 넣었다. 즉, 바다는 '수온(水溫, sea surface temperature)'

을 잰다.

18세기 말, 벤저민 프랭클린은 유럽으로 가는 배에서 수은 온도계를 늘어뜨려 멕시코 만류의 수온을 재었다. 1787년 제2의 제임스 쿡을 꿈꾸던 프랑스의 페로우즈(La Pérouse)는 세계 일주 도중, 제주도의 수온을 재었다. 그러나, 망망대해를 한 번씩 재는 건 의미가 없다. 주기적으로 재기 시작한 건 1860년대부터다. 항로를 따라 정기적으로 오가는 상선을 이용하였다. 그런데, 이들은 폭풍우를 만나면 피해 다녔다. 역경을 피하지 않는 기상 관측선(weather ship)을 띄웠다. 그러나, 관측선은 비싸서 많이 두지 못했다.

측정 방법도 개선되었다. 프랭클린처럼 움직이는 배의 갑판에서 구부려 온도계를 보는 건 위험했다. 그래서, 양동이(bucket)에 바닷물을 담아 올려 측정하였다. 20세기 중반부터 배의 엔진룸에 들어오는 냉각수(engine room intake)를 재는 간편한 방법이 개발되었다. 초기의 방법은 한계가 있었다. 천으로 된 양동이는 나무 양동이보다 빨리 식어 수온이 낮았다. 배의 엔진룸을 거친 물은 양동이보다 0.6℃ 더 따스했다.

1950년대부터는 간편하고 저렴한 '부표(weather buoy)'가 고안되었다. 1970년대부터 배를 대체해 바다 온도를 책임지고 있다. 초기에는 체인으로 바닥에 결박한 고정식(moored buoy)이었으나, 1970년대부터 저렴한 이동식 부표(drifting buoy)를 쓴다. 엘니뇨 연구를 위해 동태평양에 많이 깔았고, 세계에 1,250개가 넘는다.

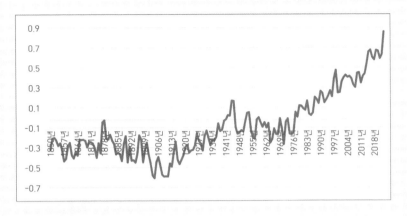

<그림 27> 세계 바다 온도 편차(SST, 단위: ℃), 英 기상청 HadSST4[73]

초기 기록은 부실하고, 수온을 재는 배가 몇 대 되지 않았다. 데이터베이스인 NOAA의 ICOADS는 단편적인 선박 기록(ship logbook)이라도 모으려 애쓴다.[74] 1800년대는 10년에 한 번 보고하는 곳도 거의 없었다. 1850년대 들어 비로소 주요 항로가 보고되었다. 1850년부터 바다 온도를 계산하는 까닭이다.

많은 수의 부표가 깔려 나아졌지만, 여전히 문제가 있다. 부표는 수심 3미터를 측정하지만, 배의 온도계는 최대 20미터까지 내려간다. 양동이, 엔진룸, 그리고 부표로 측정 방법이 자꾸 바뀌면서, 시계열, 즉 눈금이 어지러워졌다. 육지에도 문제가 많지만, 바다의 온도 측정은 아직 큰 도전이다. 아예, 하늘에서 재면 어떨까? 인공위성이 있잖아!

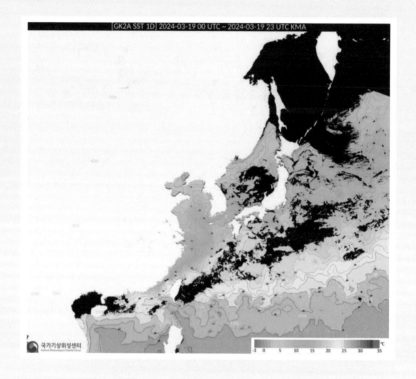

[GK2A SST 1D] 2024-03-19 00 UTC ~ 2024-03-19 23 UTC KMA

<그림 28> 한반도 주변 해역 수온(2024. 3. 19.), 기상청 국가기상위성센터[75]

　멋진 그림이다. 바다 수온이 세분되어 표시된다. 그것도 거의 실시간이다. 인공위성의 힘이다. 진작 이렇게 잴 걸 그랬다. 인공위성이 온도계를 대체할까?

　1957년 소련이 최초의 인공위성 스푸트니크(Sputnik I)를 발사한 후, 충격을 받은 미국은 한동안 소련과 우주 경쟁을 벌였다. 1960년 미국 최초의 기상위성 타이로스(TIROS-1)가 우주에서 찍은 지구를 TV 화면으로 보내자, 지구촌은 열광하였다. 기상위성은 허리케인의 모습을 찍어 추적하는 등 재해 대응에 말할 수 없는 공헌을 하였다. 3시간마다 일본 기상위성의 태풍 사진을 빌리던 우리도 2010년 천리안 1호를 쏘아 숙원을 이루었다. 위성의 백미는 지구의 온도를 재는 것이다. 고난도 기술이다. 우주 밖에서 자유롭게 지구를 내려다보는 위성도 지구의 온도를 재는 건 쉽지 않다. 멀리서 원격(remote sensing)으로 재어야 하기 때문이다.

기본 장비는 '적외선 감지기(infrared radiometer)'이다. 비행기에서 내리면 공항에서 발열을 측정하는 그것이다. 사람 몸에서 나오는 적외선을 원격 감지하는 건, 아무래도 체온계로 재는 것보다 못하다. 하물며, 700km 상공에서 지구가 쏘는 적외선을 재는 건 더욱 어렵다. 더욱이, 적외선은 구름을 뚫지 못한다. 지구의 하늘 2/3는 구름이다. 그림에도 까맣게 측정 불가능한 부분이 나온다.

그래서, '마이크로파 감지기(microwave radiometer)'를 같이 쓴다. 장파인 마이크로파는 구름을 뚫을 수 있다. 그러나, 적외선보다 약해 고도의 해석이 필요하다. 해석은 늘 편견과 오차의 문제가 있다. 두 개의 기관이 해석하는 데 서로 차이가 있다. 아무튼, 인공위성은 적외선과 마이크로파를 이용해서 1979년부터 지구의 온도를 재고 있다. 육지와 바다를 함께, 넓게 측정할 수 있는 유일한 수단이다.

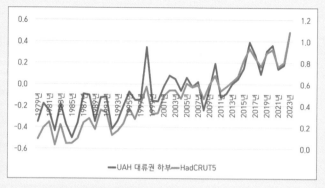

<그림 29> 위성(UAH, 좌)/지상(HadCRUT5, 우) 온도 편차(단위: ℃), UAH[76]/英 기상청

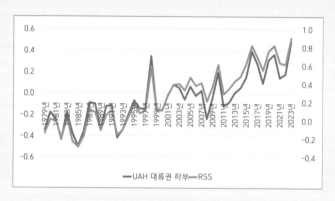

<그림 30> UAH(좌)와 RSS(우) 인공위성 온도 편차(단위: ℃), UAH & RSS

헌츠빌 앨라배마 대학교(UAH)가 해석한 위성 온도는 영국 기상청의 지상에서 잰 온도보다 느리게 오른다.[77] UAH는, 1979년 -0.35℃에서 2023년 0.48℃ 편차로, 0.83℃ 올랐다. 반면, 英 기상청(HadCRUT5)은 1℃ 올랐다. 인공위성은 지상의 관측과 다르다. 하늘의 고도를 골고루 재기 때문이다. UAH 대류권 하부 온도는 지상부터 12km까지 평균한 것이다. 서로 다른 이유다.

UAH와 더불어 위성 온도를 해석하는 민간 연구소 RSS(Remote Sensing Systems)를 대비하였다.[78] 같은 위성인데도, 해석에 차이가 있다. RSS는 2023년까지 0.76℃ 올랐다. UAH보다 작다. 마이크로파의 해석이 이처럼 어렵다.

아직은 인공위성도 완벽하지 않다. 지구는 참으로 넓다. 온도를 재기 어렵다. 그래도, 위성이 나온 이후 지구 전체를 대강이라도 넓게 잴 수 있게 되었다. 핀셋처럼 정확하지는 않아도, 큰 흐름은 알 수 있다.

그럼, 인공위성이 없던 시절의 오래된 기록은 언제부터 믿어야 할까?

3. 통계의 마법이 1850년의 온도를 알아내다

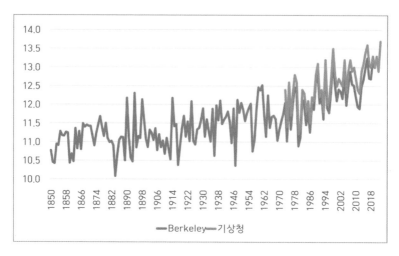

<그림 31> 한국의 기온(단위: ℃), Berkeley Earth[79]/기상청

버클리 지구(Berkeley Earth)의 한국 기온 편이다. 놀랍게도 1850년부터 시작한다. 10.77℃이다. 우리나라 기상 관측의 시작은 1904년 목포와 부산이다. 단절된 기록으로 1883년 묄렌도르프의 관측도 있지만⋯. 어떻게 타임머신을 타고 조선 철종 시대인 1850년까지 갔을까? 버클리는 심지어 1820년 기온도 기록한다. 미스터리다!

고맙게도 버클리의 로드 교수는 산출 과정을 상세하게 공개한다.[80] 버클리는 "500km 이내에 1845년 기록이 있다"라고 한다. 그렇구나! 한반도가 아니다. 일본의 경우 1875년 홋카이도의 하코다테(函館), 1876년 도쿄에서 관측이 시작되었다. 1854년 미일 통상조약으로 문호를 연 곳이다.[81] 1850년엔 일본은 쇄국 시대였고, 아직 페리(Matthew C. Perry) 제독이 도착하지 않았다. 일본은 제외다. 극동 러시아도 보자. 블라디보스토크(Vladivostok) 관측소는 1872년 문을 열었다. 아이훈 조약(Treaty of Aigun)으로, 러시아가 청으로부터 극동 만주를 뺏은 게 1858년의 일이다. 러시아도 제외다.

중국에는 있다. 1841년 북경 관측소, 1847년 상해 관측소가 문을 열었다. 찾았다! 청 왕조가 서구 열강에 굴복하여 문호를 개방하던 시기로, 1839년 아편전쟁이 시작되어 1842년 남경 조약에 따라 상해 등 5개 항구가 개방되었다.

단위: ℃	북경	상해	중국	한국	일본
1850년	11.21	16.43	5.55	10.77	10.14

<표 2> 북경/상해 그리고 한/중/일 온도, Berkeley Earth[82]

그런 것인가? 서울에서 1,000km 떨어진 북경, 800km 떨어진 상해의 기록으로, 세도 안동 김씨가 철종을 옹립하던 시기 조선의 온도를 알아내었나. 일본도 500km 안에 관측소가 있다고 하니, 북경·상해 기록으로 1850년 온도를 뽑았을 것이다. 도쿄에서 북경까지 2,000km, 상해까지는 1,700km다. 중국 전체도 북경과 상해를 기준으로 하였으리라. 티베트 라싸(Lhasa)에서 북경까지는 3,500km, 상해까지는 4,000km다. 무슨 조화를 부린 걸까? 통계 기법 이야기를 해보자.

기온(℃)	1850년	1860년	1870년	1880년	1890년
A 지역	0	0	0	0	0

<표 3> 보간법의 예

표 3을 보자. 1850년 이후 A 지역의 관측 기록이 나오는데, 공교롭게도 1860년이 빠져 있다. 그런데, 1850년부터 1890년까지는 기온이 0℃로 변화가 없다. 그러면, 중간에 있는 1860년은 같이 0℃로 표현해도 좋겠다. 이를 '보간법(補間法, interpolation)'이라 한다. '중간을 보충한다'라는 뜻이다.

기온(℃)	1980년	1990년	2000년	2010년	2020년	2030년
B 지역	0.2	0.4	0.6	0.8	1.0	1.2

<표 4> 보외법의 예(미래)

표 4는 다르다. 1980년 이후 B 지역은 10년에 0.2℃씩 올랐다. 2030년은 미래지만, 기존 추세대로 추가로 0.2℃ 올라서 1.2℃가 될 것이 예상된다. 이를 '보외법(補外法, extrapolation)'이라 한다. '바깥을 보충한다'란 뜻이다. 보간법보다 예측이 빗나갈 위험이 커서 가정이 합리적이어야 한다. 보외법은 미래를 예측하는 데 쓰일 수도 있지만, 과거로 돌아가는 데도 쓰인다.

기온(℃)	1850년	1900년	1950년	1980년	2020년
C 지역	0	0	0	0.2	1.0
D 지역	12.0	12.0	12.0	12.2	13.2

<표 5> 보외법의 예(과거)

표 5를 보자. C 지역과 D 지역은 절대 수치는 다르지만, 비슷한 추세이다. 1950년까지 기온이 오르지 않지만, 1980년부터 10년에 0.2℃씩 오른다. D 지역엔 1850년 기록이 없다. 이때 C 지역의 기록을 D 지역에도 유추하여, 1850년 기온을 12℃로 추정하는 것이다. 보외법의 다른 예인데, 우리나라에 1850년 관측이 없는데도 북경과 상해의 기록을 보고 온도를 내는 게 여기에 해당한다.[83]

편차(℃)	1850년	1900년대	1950년대	1980년대	2010~2012년
북경	-0.37	0	-0.05	0.71	1.36
상해	1.29	0	0.56	1.02	1.86
중국	-0.47	0	0.34	0.56	1.10
한국	-0.31	0	0.65	0.64	0.93
일본	-0.03	0	0.88	0.63	1.44

<표 6> 기온 편차(북경/상해와 한/중/일)

보외법은 가정이 합리적이어야 한다. 수백~수천 km 떨어졌더라도 온도가 비슷한 추세를 보이면 가능할 것이다.[84] 그러나, 북경·상해와 한·중·일의 온도가 서로 유사성이 있다 보기 어렵다. 중국은 대륙, 일본은 섬, 그리고 우리는 반도다. 시베리아 기단의 대륙성 기후와 북태평양 기단의 해양성 기후가 어찌 같겠나? '같지 않은 것'을 같다고 할 수는 없다. 1850년 조선의 기온 10.77℃는 실재하는 것이 아니다.

한·중·일만 문제가 아니다. 1850년 세계엔 228개의 관측소가 있었다. 227개는 북반구이고, 남반구엔 브라질 리우데자네이루 한 곳이었다. 그런데, 어떻게 지구 온도가 나올 수 있었나?

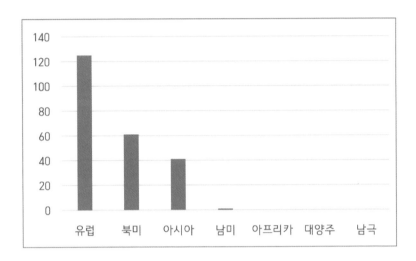

<그림 32> 1850년 관측소 개수, Berkeley Earth(수정)

1850년 전국적 관측망을 가진 곳은, 유럽뿐이었다. 미국은 서부가 미개척이었고, 러시아는 극동에 진출하지 못했다. 심지어, 영국·독일 같은 기상 선진국도 관측소가 많은 건 아니었다. 독일조차 30개가 되지 않았다. 우리 기상청이 61개의 관측소가 확충된 1973년에야 비로소 전국 기온을 산출한 것을 고려하면, 적다. 하물며, 지구의 2/3인 바다에서, 양동이로 하는 관측은 훨씬 부실하였다.

'1850년의 지구 온도'는 받아들이기 어렵다. 통계가 마법을 부린 것뿐이다.

최근 방영된 애플+ TV의 미니시리즈는 이름이 <Extrapolations>, 즉 '보외법'이다. 어려운 제목인데, 우리에게는 친숙하게 들린다. '통계 기법'으로 미래를 예측해서, 2037~2070년에 닥치는 기후 재앙을 여러 에피소드로 보여준다. 앨 고어의 『불편한 진실(Inconvenient Truth)』과 『본 얼티메이텀(the Bourne Ultimatum)』의 각본가 번즈(Scott J. Burns)가 대본을 맡았다고 한다.

보외법은 가정이 합리적이어야 한다. 앞에서 우리는 과거로 가는 보외법을 무리하게 쓰면 안 됨을 알았다. 미래로 가는 무리한 보외법에 대해서는 제4부에서 이야기하겠다.

4. 1970년대 이후 세계 온도는 믿을 만하다

세계 온도는 언제부터 믿을 수 있을까?

① 1850년 이전의 온도는, 쓸모가 없다

하키 스틱 그래프의 왼쪽 손잡이는 온도계로 재지 않고, '대리(proxy)'라는 이름의 잡다한 재료로 간접 추정한 것이다. 미안한 이야기이지만, 가치가 없다. 당시의 온도계 기록도 신뢰하기 힘든데, 그런 걸 인정할 수는 없다. 대리라는 게 나무의 나이테(tree ring), 산호초, 극지의 아이스코어, 호수의 침전물 따위다.[85] 이들은 장기간 기후 흐름을 추정하는 데 참고는 되지만, 매년 또는 단기간 온도를 측정하는 데는 쓸모가 없다. 고기후학의 관심일 뿐이다.

② 1850년부터 1960년대까지 지구 온도는, 신뢰하기 힘들다

표현이 좀 과격하지만, 실상이 그렇다. 1970년 이전엔 지구의 온도를 내는 것이 사실상 불가능하였다. 남극에 관측소가 10개도 되지 않았고, 남반구·아프리카·그린란드의 관측 환경도 열악하였다. 물론, 지금도 열악하지만…. 북극·남극과 같은 오지만 관측 역량이 부족한 게 아니다. 오늘날에도 관측소가 턱없이 부족한 곳이 많다. 콩고·카메룬 4개, 캄보디아 3개, 콩고민주공화국 2개, 가나·코모로 1개, 그리고 차드에는 사실상 온전한 관측소가 전무하다.

③ 그나마, 1970년대 이후의 지구 온도는 신뢰할 수 있다

1970년대 인공위성과 바다 부표가 나타나, 온도 사각지대가 대폭 줄었다. 1979년부터 인공위성이 지구의 온도를 관측하였다. 1970년대부터 부표(weather buoy)가 기상 관측선을 대체하여 대량으로 깔리기 시작하였다. 세계의 온도는 1970년대부터 신뢰할 수 있다!

다만, 신뢰할 수 있는 건 온도가 오르는지, 내리는지 흐름을 아는 정도에 그친다. 아직 세계 온도는 절대치로 알 수 없다. 본서가 "대략 15℃"라 한 이유다. 지구의 온도는 얼마나 올라가고 있을까?

5. 10년에 0.2℃씩 올라가고 있다

매년 매년의 온도는 등락이 크지만, 10년씩 끊어서 연대(decade)로 보면 흐름이 안정적이고, 더욱 잘 보인다.

	HadCRUT5	Berkeley E	NASA/GISS	NOAA	日 氣象廳	UAH	RSS
1970년대	0.00	0.00	0.00	0.00	0.00	0.00	0.00
1980년대	0.22	0.22	0.21	0.30	0.17	0.07	0.07
1990년대	0.16	0.17	0.14	0.15	0.18	0.14	0.18
2000년대	0.20	0.19	0.20	0.11	0.18	0.10	0.23
2010년대	0.21	0.21	0.22	0.22	0.19	0.16	0.23
2020~2023	0.16	0.18	0.17	0.13	0.17	0.17	0.18
통산	0.21	0.22	0.21	0.20	0.20	0.14	0.20

<표 7> 10년당 지구 온도 상승(단위 ℃), 각 기관 자료 취합

인공위성 자료를 쓰는 UAH와 RSS는 1979년부터 시작하므로, 1980년대 상승률이 낮다. 아무튼, 기관별 차이는 있지만, 10년에 0.14~0.22℃씩 오른다. 필자는 예의 무식한 방법을 선호한다. 최대인 버클리와 최소인 UAH를 제외하면, 대체로 10년당 0.2℃로 수렴한다.

1980년대부터, 지구의 온도는 10년당 0.2℃ 올랐다! 지금도 지구의 온도는 10년당 0.2℃ 오르고 있다. 미래도 당분간 10년당 0.2℃ 오를 것이다. 무식하지만, 나름의 근거가 있는 보외법 정도라 해두면 어떨까?

최신 6차 보고서의 예측은 어떨까? 대동소이하다.

	2040년	2060년	2100년
SSP 1-1.9	1.5	1.6	1.4
SSP 1-2.6	1.5	1.7	1.8
SSP 2-4.5	1.5	2.0	2.7
SSP 3-7.0	1.5	2.1	3.6
SSP 5-8.5	1.6	2.4	4.4

<표 8> 미래의 온도(단위: ℃), IPCC 6차 보고서(SPM 2021)(p.18을 각색)

시나리오 2(SSP 2)가 합리적이라 하였다. 이에 따르면, 미래의 온도는 2060년에는 2℃, 2100년에는 2.7℃ 증가할 것이다. 10년마다 0.2℃씩 증가한다는 무식한 가정에 의해도 2060년 1.9℃, 2100년 2.7℃가 된다. IPCC의 최신 시나리오와 별 차이가 없다. 다만, 필자는 2100년에 2℃까지만 올라갈 것으로 보지만….

아무튼, 현재는 10년에 0.2℃씩 오르고 있다!

제3장
지구 온난화엔 굴곡이 있다

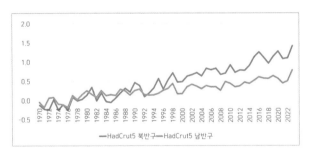

<그림 33> 북반구와 남반구의 온도(단위 ℃), 英 기상청 HadCRUT5

지구는 골고루 더워지지 않는다. 북반구가 남반구보다 속도가 2배 빠르다. 온도가 빨리 올라가는 육지가 북반구에 훨씬 많으니, 이해는 된다.

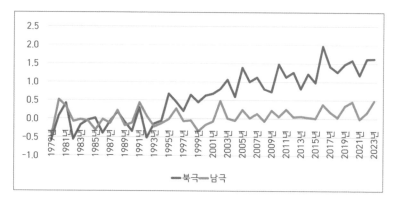

<그림 34> 북극과 남극의 온도(단위: ℃), RSS 인공위성

북극과 남극 온도는 1990년대 중반부터 극명하게 갈린다. 북극은 급격하게 오르지만, 남극은 그대로다. 기후변화의 바람은 북극에만 불고 있다.

온도 상승	국가
5℃ 이상	스발바르 얀마옌 제도(5.45℃)
3℃ 이상	캐나다(3.64℃), 그린란드, 덴마크, 이란, 러시아, UAE, 아프가니스탄, 카타르, 투르크메니스탄, 벨라루스, 노르웨이, 바레인, 튀니지, 슬로베니아, 라트비아, 핀란드, 에스토니아
2.5℃ 이상	스웨덴, 몽골, 오스트리아, 네덜란드, 알제리, 쿠웨이트, 벨기에, 스위스, 크로아티아, 독일, 폴란드, 체코, 파키스탄, 모로코, 이탈리아, 보스니아헤르체고비나, 프랑스, 사우디아라비아, 아제르바이잔, 스페인, 헝가리, 이라크, 리비아
2℃ 이상	카자흐스탄, 북한, 아르메니아, 아이슬란드, 미국, 포르투갈, 영국, 세르비아, 에티오피아, 루마니아, 조지아, 요르단, 중국, 차드, 수단, 이집트, 아일랜드, 이스라엘, 불가리아, 한국(2.0℃)
1.5℃ 이상	탄자니아(1.98℃), 알바니아, 시리아, 말리, 마다가스카르, 키프로스, 세네갈, 케냐, 중앙아프리카공화국, 그리스, 잠비아, 가나, 브라질(1.7℃), 도미니카공화국, 일본, 네팔, 앙골라, 카메룬, 코스타리카, 터키, 멕시코, 우루과이, 바하마, 파나마, 나미비아
1℃ 이상	가봉, 쿠바, 대만, 싱가포르, 온두라스, 인도, 엘살바도르, 사모아, 호주, 보츠와나, 스리랑카, 통가, 베네수엘라, 에콰도르, 피지, 말레이시아, 부탄, 괌, 콜롬비아, 과테말라, 인도네시아, 파라과이, 아르헨티나, 남극(1.05℃), 캄보디아

1℃ 미만	미얀마, 뉴질랜드, 필리핀, 칠레, 라오스, 페루, 팔라우, 베트남, 방글라데시, 홍콩, 마카우, 볼리비아(0.65℃)

<표 9> 1960년 이후 온도 상승 순위, Berkeley Earth

버클리 기준으로, 지구상 기온이 가장 많이 오르는 곳은 북극해 노르웨이령 스발바르 얀마옌(Svalbard and Jan Mayen) 제도다. 5℃ 이상 올랐다. 뒤를 이어 주로 북극해 주변의 나라들이 3℃ 이상의 상위권에 포진해 있다. 반면, 남반구는 순위가 낮다. 아프리카 탄자니아가 1.98℃로 그나마 높고, 남미는 브라질의 1.7℃가 최고다. 볼리비아는 세계 꼴찌로, 겨우 0.65℃ 올랐다.

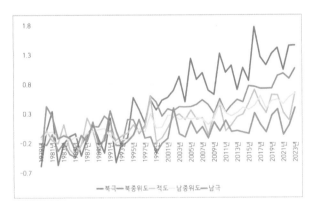

<그림 35> 위도별 온도(단위. ℃), RSS 인공위성

위도에 따라 세분해서 보니, 더욱 놀랍다. 온도 상승의 순서가 북극, 북반구 중위도, 적도, 남반구 중위도, 남극이다. 신기하게도, 북쪽만 뜨

거운 물을 붓듯 하고, 남쪽으로 갈수록 식는다. 당혹스러운 결과다. 만일, 탄소가 늘어나 지구가 더워진다면, 북반구만 유독 온난화가 빠른 이유를 설명하기가 궁하다.

CO₂ 농도는 지구 어디나 비슷하기 때문이다. 북극에서 재나, 하와이에서 재나, 사모아에서 재나, 남극에서 재나 비슷하다. 북반구와 남반구 모두 CO_2 농도가 420ppm 언저리다. 온난화의 속도가 같아야 한다. 북극의 온난화가 2배나 빠르고, 남극은 제자리이니 미스터리다. 북반구의 땅과 바다에서, 남반구에 없는 무슨 일이 벌어지고 있는 것 같다. 기후변화가 온실효과뿐만 아니라 다른 원인도 있음을 암시하는 대목이다. 깊은 의문은 제2부에서 다루겠다.

2. 낮은 하늘이 더 더워진다

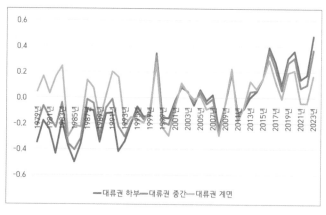

<그림 36> 지구의 고도별 온도, University of Alabama in Huntsville[86]

17km에 이르는 대류권을 상·중·하로 나누어 보면, 온난화는 낮은 하늘에는 확연하지만, 높은 하늘에는 흔적이 희미하다. '대류권 하부'도 고도 4,267m의 높은 곳이긴 하지만….[87] CO_2 온실효과만 따지면, 높은 하늘이 낮은 하늘보다 온난화가 더 강해야 한다. 수증기·구름이 없는 높은 하늘에서 CO_2의 위력이 더 강하기 때문이다. IPCC는 이를 '기온감률 피드백(lapse rate feedback)'이라고 한다.[88] 실제 재 보니, 높은 하늘은 더워지지 않고 있다!

수상한 증거들은 제2부에서 다룬다. "이산화탄소는 온난화의 주범일까?"

제2부
이산화탄소는
지구 온난화의 주범일까?

제1장
이산화탄소는 지구를 덥게 한다

지구 온난화의 주범으로 지목받는 이산화탄소는 도대체 정체가 뭘까? 이산화탄소 하면 탄산음료를 떠올리게 된다. 기분을 '청량'하게 하는 가스가 공기 중에 늘면 더워진다는 이야기인가? '온실효과'는 알쏭달쏭하다. 실제 옛날엔 이산화탄소를 '탄산가스'라고 부르기도 했다.

"해마다 추위가 덜해져 가고 있다는 것은 우리가 몸소 겪는 일이다. 12월에 접어든 요즈음의 날씨가 이렇게 푹할 수 있느냐고 즐거운 걱정을 하는 할아버지 할머니의 '추위의 전설'을 들어보면 정말 기후는 자꾸만 따뜻해져 가고 있다는 것을 뒷받침해 준다. 이러한 세계적 기후변화를 설명하는 이론이란 것이 가지가지이다. … 탄산 '가스'가 지구의 온도를 좌우한다고 주장하고 있다(경향신문 1961. 12. 4일 자, 4면)." 1960년대에 벌써 온난화를 걱정했다니 놀랍다. 굳이 말하면 이산화탄소는 탄산과 다르다. 콜라에 이산화탄소를 주입해서 물에 녹은 게 탄산이다 ($CO_2+H_2O=H_2CO_3$). 아무려면 어떤가. 시원하게 콜라를 들이켜면, 탄산이 물에서 탈출하여 코가 쌩하게 이산화탄소가 되어 날아간다.

이산화탄소(carbon dioxide)는 탄소(carbon)가 '이산(二酸)' 즉, 2개의 산소 원자와 결합한 것이다. CO_2 즉, O-C-O이다. 탄소가 생소한가? 그렇지 않다. 탄소는 바로 우리다. 모든 생명체는 탄소가 여러 원소와 결합한 유기물로 이루어진다. 우리 몸의 65%는 산소, 18%는 탄소다. 물을 제외하면, 아미노산·DNA 등 핵심 요소를 탄소가 채우고 있다.

탄소 기반의 생명(carbon-based life)과 공기 중의 이산화탄소는 의존하여 '탄소 순환(carbon cycle)'을 이룬다. 식물은 광합성(photosynthesis)을 하여 자란다. 공기 중 이산화탄소를 빨아들여(carbon fixation), 물과 햇빛을 합성해서(光合成) 양분을 만든다. 불필요한 산소는 부산물(byproduct)로 하늘에 내뿜는다. 동물은 식물을 먹어 양분을 흡수한다. 그리고, 산소를 호흡해 양분을 에너지로 만들고, 불필요한 이산화탄소는 부산물로 내뿜는다. 그걸 다시 식물이 이용하니, 세상이 조화롭다.

땅속에도 거대한 탄소 창고가 있다. 3억 년 전 양치류 나무가 묻혀 변한 석탄, 동물성 플랑크톤(zooplankton)과 조류(藻類, algae)가 변한 석유·천연가스이다. 산업혁명 이후에 인류는 화석이 된 그들을 꺼내서 연료로 썼다. 화석연료(fossil fuel)이다. 공기 중에 이산화탄소가 갑자기 급증

한 연유다. 기계문명의 에너지를 얻기 위해, 탄소 순환에 인간이 적극적으로 개입한 결과물이다.

이렇게 해서, 이산화탄소는 인간에 의해 기후의 세계에 등장하게 되었다. 오랫동안 기후를 지배한 건 하늘의 햇빛과 바람, 바다의 수증기와 해류···. 그리고 이제 한 가지가 더 추가되었다. 인간과 기계가 내뿜는 이산화탄소···.

2. 이산화탄소는 지구를 덥히는 온실가스다

겨울에 식물이 가득한 온실(greenhouse)을 방문하면 포근하다. 온실이 따스한 것은 유리로 만들었기 때문이다. 유리는 투명해서 햇빛을 받아들이지만, 이미 들어온 열은 내보내지 않아 보온이 된다. 신기한 성질을 가졌다. 유리보다는 아주아주 약하지만, 지구를 감싸는 공기도 보온 효과를 낸다. 그렇지 않다면, 마치 달처럼, 낮에 받은 햇빛을 밤에 모두 방출해 추울 것이다.

이런 생각을 한 이가 19세기 프랑스 수학자 푸리에(Joseph Fourier)다. 1824년, 그는 공기라는 온실이 없다면 지구의 온도는 영하 18℃로 내려간다고 하였다. '온실효과(greenhouse effect)' 개념이 탄생한 순간이다.

CO_2의 온실효과가 세다는 건, 1856년 미국의 유니스 푸트(Eunice Newton Foote)가 실험으로 밝혔다. 수증기가 든 축축한 공기와 CO_2만

든 마른 공기를 각각 비커에 넣어 온도를 재었더니, CO_2가 든 쪽의 온도가 높았다. 그리고, 1859년 미국의 존 틴들(John Tyndall)이 오늘날 '온실가스(greenhouse gas) 이론'의 기틀을 잡았다. 온실효과는 이산화탄소 외에 수증기도 가지고 있고, 메탄·아산화질소·오존도 온실가스이다.

이산화탄소가 많아지면 지구가 더워진다는 건 19세기 실험실에서 입증되었고, 이를 부정하는 사람은 없다. 온실효과는 지구를 덮는 담요와 같은 고마운 존재로 인식되었다. 특히, 1970년대까지는 빙하기가 다시 오는 걸 걱정해서 더욱 그랬다. 지금은 반대다. CO_2가 너무 많이 대기에 쌓여, 지구가 더워지는 걸 걱정하고 있다.

제2장
CO₂와 온도는, 하늘과 땅에서
같이 재어야 한다

1. 이산화탄소는 50% 늘었고, 평균 421ppm이다

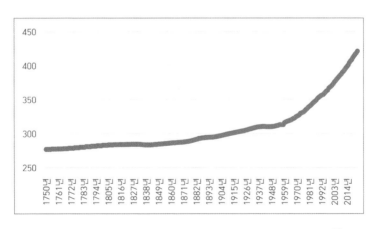

<그림 37> 세계 평균 CO₂ 농도(단위 ppm), CO₂levels.org, NASA & NOAA[89]

2023년 12월, 세계 평균 CO_2 농도(global mean CO_2)는 421ppm이다. 1750년 277ppm에서 52% 늘었다. 285ppm인 1850년 기점으로는, 48% 늘었다. 산업혁명 이후 대략 절반이 늘었다. 미국 기상청(NOAA)이 발표하는 CO_2 농도는 세계 온도와 함께 기후변화 과학의 양대 축이다.

· 1750년 이래 늘어난 CO_2는 틀림없이 인간 활동에 기인한 것이다.[90]

IPCC의 「정책결정자를 위한 요약본」 첫머리에 나오는 말이다. '틀림없이(unequivocally)'라는 확신에 찬 어조다.

2. 킬링이 서쪽으로 간 까닭은?

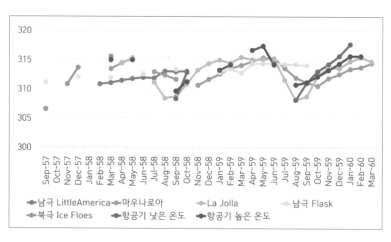

<그림 38> 초창기 CO_2 농도(단위 ppm), Charles David Keeling[91]

1957년 캘리포니아 공대(Caltech) 교수 찰스 킬링이 하와이 마우나로아 화산과 남극에서 CO_2 측정을 시작하였다. '지구 관측년(International Geophysical Year)'을 맞아 스크립스 연구소가 마련한 거창한 프로젝트였다. CO_2 관측의 원년이다. 1957년 이전 CO_2 농도는 직접 잰 게 아니라 대리(proxy)로 추정한 것이다. 1850년 전 온도처럼, 1957년 전의 CO_2 기록은 신뢰하기 힘들다.

그림은 킬링 시절에 존재했던 CO_2 관측이다. 공통점이 있다. 모두 외딴 오지이다. 달마가 동쪽으로 간 까닭은 모르지만, 킬링이 서쪽으로 간 이유는 안다. 도시에는 오염이 많아 CO_2 농도가 너무 높기 때문이다. 측정 초기에 그는 모교 근처 캘리포니아 패서디나(Pasadena)에서 CO_2를 재었는데, LA와 인접한 곳이라 결과가 변덕스러웠다. 그래서, 오염원(point source)과 최대한 떨어진 하와이를 고른 게다.[92]

현명한 결정이었다. 낮은 하늘엔 수증기·구름의 온실효과가 압도적이다. CO_2가 많아도 이들에 가려진다. CO_2의 온실효과를 제대로 알려면, 수증기·구름이 없는 높은 하늘로 가야 한다.

구름 위로 솟구친 3,400미터의 마우나로아처럼….

관측을 시작하자, 흥미로운 사실이 발견되었다. 계절에 따라 변동이 있다. CO_2는 5월에 최고, 10월에 최저가 된다. 봄에는 겨우내 광합성의 양이 작아 CO_2가 많고, 가을엔 광합성이 최고조에 달해 CO_2가 적기 때문이란다. 연중 무려 7~8ppm 차이다.

다음은, 대발견이다. 양은 적지만, 매년 뚜벅뚜벅 CO_2 농도가 늘어난다. 놀랍게도 킬링은 관측 초기 1960년에 이를 간파하고, 원인을 화석연료 때문이라고 보았다.[93] 기후변화 과학에 신기원이 이루어졌다.

<그림 39> 마우나로아 관측소(Mauna Loa Observatory), National Geographic[94]

NOAA가 세계 평균 CO_2 농도를 내는 네 개 지점이다. 모두 오지에 있다. 남극과 북극, 그리고 북태평양과 남태평양 한가운데 섬인 하와이와 사모아…. 모두 420ppm 언저리 비슷한 값을 내고, 매년 조금씩 증가한다. 멋지다! 온난화는 북극이 높고, 남극은 낮고 아무튼 제각각인데, CO_2는 지구 어디를 가나 통일된 값을 가진다니 신기한 일이다. 진짜로 그럴까?

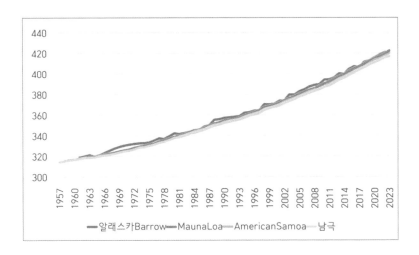

<그림 40> CO₂ 농도(단위: ppm), Scripps Institute of Oceanography[95]

《참고 ②》
한국의 CO_2 측정

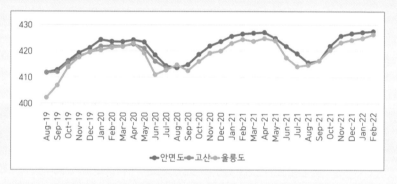

<그림 41> 안면도·고산·울릉도의 CO_2 농도(단위: ppm), 기상청(기상자료개방포털)

기상청의 공식 관측소들이다. 안면도, 제주도, 울릉도라는 외진 데에 있다. 오염을 피해 국토 끝으로 달아난 고심이 보인다. 2019년 12월 안면도는 421ppm, 고산과 울릉도는 420ppm이다.

3. CO₂ 농도는 사실 제각각이다

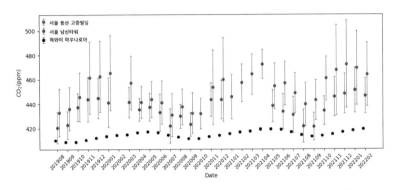

<그림 42> 서울의 CO_2 농도(단위: ppm), 서울대학교 탄소정보시스템(정수종)[96]

서울 도심에서 탄소를 재었더니, 놀랍게도 엄청 높다. 남산타워는 440ppm, 용산의 빌딩은 460ppm을 넘는다. 2019년 12월 마우나로아는 412ppm이었다. 엄청난 차이다. 외국의 사례도 마찬가지다. 2000년 1월, 미국 피닉스의 도심 농도는 555ppm으로, 교외 370ppm 보다 185ppm이나 높았다.[97] 볼티모어도 도심이 66ppm 높았다.[98] 피닉스는 2m 높이의 낮은 데서 재어서 다른 곳보다 특히 높았다. 도시의 CO_2가 높은 것을 '도시 증가분(urban enhancement)' 또는 '도시 탄소 지붕(urban CO₂ dome)'이라 한다. 도시는 왜 시골보다 높을까?

놀랄 게 없다. 킬링이 오염을 벗어나 서쪽으로 간 까닭이다. 도시의 공기는 CO_2로 오염되었다. 주범은 자동차 배기가스이다.[99] 바람에 가스가 흩어지는 높은 데서 재면 CO_2가 엷어진다. 피닉스의 탄소 지붕

은 300~500m 높이였고, 그 위는 교외와 차이가 없었다.[100]

주거 유형	단독주택	다세대·연립	아파트
이산화탄소	1,019	1,377	961

<표 10> 주거 유형별 실내 공기 질(단위: ppm), 국립환경과학원(2011)[101]

사실 CO_2가 훨씬 많은 곳은 환기가 안 되는 실내다. 개인 주택조차 환경부 실내 공기 질 기준(1,000ppm 이하)[102]을 훌쩍 넘는다. 과거 콩나물 시루 학교는 심각하였다. 2006년 실험에서, 환기장치가 없는 중학교 교실의 CO_2 농도가 무려 2,000ppm에 육박하였다.[103]

여기서 우리는 헷갈린다. 킬링처럼 한적한 섬, 높은 산으로 가서 CO_2를 재어야 할까? 아니면, 숨 막히는 매연을 내뿜는 서울 하늘의 CO_2도 재어야 할까?

4. 도시와 시골의 CO_2 차이는 고작 3ppm이다

도시의 CO_2 농도가 시골보다 높은 걸 보았다. 하지만, 이는 낮은 하늘에서 잰 것이다. 높고 낮은 하늘을 모두 평균하면, 의외로 차이가 크지 않다.

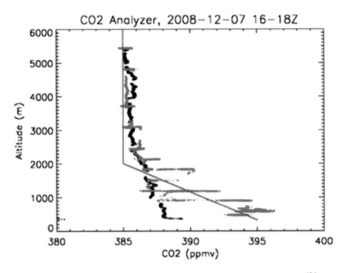

<그림 43> 항공 측정한 고도별 CO_2 농도, James B. Abshier(NASA)[104]

미국 에너지부(DOE)가 2008년 12월 오클라호마 상공에서 측정한 고도별 CO_2 농도이다. 땅에서는 진하고, 올라갈수록 엷어진다. 땅에선 400ppm이 넘지만, 2,000m 상공은 385ppm이다. 2,000m 높이에서 CO_2는 공기에 잘 섞이고(well-mixed), 청정한 CO_2를 얻을 수 있다. 잘 섞인 공기를 지구의 '배경 대기(background atmosphere)'라 한다. 그럼, 잘 섞이지 않아서 CO_2 농도가 높은 공기는 쓸모가 없는 것일까? 서울의 CO_2 농도는 쓸데없이 재었나? 하와이에서 재면 되는데?

모든 높이를 평균해 도시·시골의 CO_2 차이가 얼마인지를 구하면, 거기에 답이 있을 것이다.

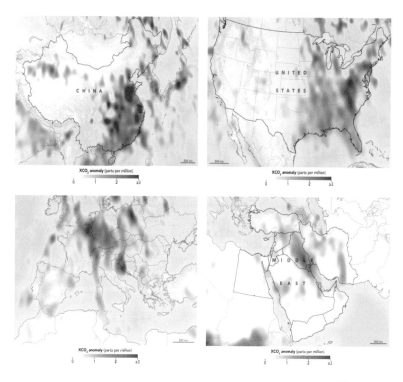

<그림 44> OCO 2 위성이 측정한 XCO₂ 농도, NASA/Hakkarainen 외[105]

킬링 곡선 이래 가장 감동적인 그림이 아닐까. OCO-2 위성이 잰 지구의 XCO₂ 농도이다. 'XCO₂'는 하늘의 높이를 모두 평균해서 (column-averaged) 낸 CO₂ 값이다. 높은 곳, 낮은 곳을 모두 잰 우리가 찾는 그것이다. 2009년 GOSAT[106]와 2014년 OCO-2[107] 위성이 정교하게 XCO₂를 측정한다.

그림을 보니, 농도가 높고 낮은 지역 차(regional difference)가 있다. "중국, 美 동부, 중부 유럽, 인도, 남아공 등 화석연료 배출이 많은 산업

지역"[108]이 높다. 그런데, 차이가 크지 않다. 빨간색은 3ppm 이상 높은 지역이다. 2009~2010년 GOSAT 위성에 따르면, LA 3.2, 뭄바이 2.4ppm의 증가분(enhancement)이다.[109] 지구에서 CO_2가 높고 낮은 곳의 차이는 3ppm밖에 되지 않는다. 3ppm은 고작 한 해 증가분으로, 의미가 있는 차이가 아니다.

물론, 도시의 땅엔 대량의 CO_2가 쌓여 있다. 하지만, CO_2의 온실효과는 높은 하늘에서 위력을 발휘한다. 지상에 탄소가 많다고 도시가 뜨거워지는 건 아니다. 실제 피닉스 연구에서, 도시의 CO_2는 고작 0.12℃ 온도를 올렸다. 실내 공기를 규제하는 건 더워서가 아니다. 탁한 공기를 환기하란 뜻이다.

킬링이 서쪽으로 간 까닭을 다시 깨닫게 된다. 그가 옳았다. CO_2는 한적한 오지의 높은 하늘에서 재어야 한다.

5. CO_2는 아래위, 옆으로 모두 재어야 한다

그래도, CO_2는 한적한 몇몇 관측소가 아니라, '여러 곳에서', '아래위로' 모두 재어야 한다. 탄소 배출량을 정확히 아는 데 도움이 되기 때문이다.[110] 지금은 취합된 에너지 사용량에다가 CO_2 배출 계수를 곱해 탄소 배출량을 구한다. 계산기를 들고 하는 것이라, 현실과 괴리가 있다. 많은 곳에서 재면, 실제로 어디서/얼마나 탄소를 배출하는지 알 수 있을 것이다.[111] 1992년 노스캐롤라이나 그리프턴(Grifton)의 496m TV 송신탑에서 NOAA가 최초로 도시의 CO_2를 재었다. 국내도 서울대학교 등 공동 연구로 도심 온실가스를 측정한다.[112]

그러나, 필자는 CO_2가 어디서 얼마나 나오는지엔 관심이 없다. CO_2의 온실효과가 온도를 얼마나 올리는지만 관심이다. 우리의 측정은 엇박자이다. ① CO_2는 외딴 높은 곳에서 잰다. ② 온도는 도회지의 낮은 곳에서 잰다.

CO_2의 온실효과는 높은 하늘에서 위력이 있다. 그렇다면, 높은 하늘의 온도를 재야, 온실효과를 정확히 알 수 있다. 낮은 하늘에는 도시의 열섬, 먼지 등 CO_2의 경쟁자가 많다. 낮은 곳의 온도를 재면, 이들과 CO_2 온실효과가 중첩된다. 전자가 크다.

제일 좋은 방법은 무엇일까? CO_2든 온도든, 하늘의 모든 높이를 아래위로 쭉, 그리고 도시와 시골 모두 두루 재는 것이다. 앞으로, 인공위성의 역할이 커져야 하는 이유다.

인공위성의 기록이 계속 쌓이면, 오랫동안 지구의 온도와 CO_2를 잰 지상의 기록을 대체해야 하냐는 문제가 생긴다. IPCC는 머리가 아플 것이다. 2019년 OCO-3 인공위성이 발사되었다. OCO-2가 도시 하나를 찍는 정밀도라면, OCO-3은 발전소 하나를 콕 찍는 초정밀(snap-shot maps)을 자랑한다.[113] CO_2 관측에 획기적인 변화가 있을 것이다. CERES 위성의 높은 하늘에 대한 온도 측정도 계속될 것이다.

※ CO_2는 높은 하늘에서, 온도는 땅에서 재면 기후변화를 알 수 없다.

※ CO_2든 온도든, 지구의 모든 장소, 그리고 모든 높이에서 재어야 한다.

제3장
이산화탄소와 친구들은,
지구 온도를 0.3℃ 올렸다

1. 지구 온난화는 인간의 작품이다

· 세계 온도는 1.09℃ 올랐다.

· 1750년 이래 늘어난 CO_2 농도는 인간 활동 때문이다.

· 인간이 초래한 온도 상승은 1.07℃이다.[114]

  IPCC 보고서의 3대 백미(白眉)이다. 앞의 둘은 우리가 본 것이다. 세 번째가 추가되면서 백미가 완성되었다. 1.09℃ 올랐고, 이 중 1.07℃가 CO_2를 뿜는 인간 때문이다. 거의 다다.

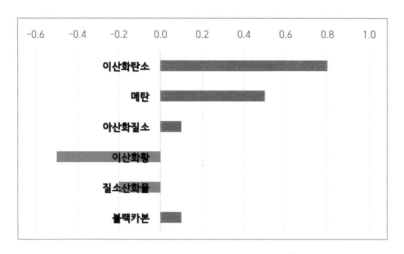

<그림 45> 지구 온난화 기여도(단위 ℃), IPCC[115]

자연의 작품이 아니니, 온난화는 인간의 작품일 것이다. 문제는, CO_2가 주연인가 하는 점이다. 그림처럼, 주연과 조연을 딱 나눌 수 있을까? IPCC의 백미는 삼단논법보다는 나을까?

CO_2가 늘어서 온도가 올라간다는 논리를 필자는 '탄소 도그마'라 부른다. '도그마(dogma)'는 교조주의(敎條主義)라는 뜻이다. 맞는 이야기인데, 왜 도그마일까? CO_2의 역할을 지나치게 과장하고, 다른 요소들을 무시하기 때문이다.

1902년 스웨덴의 아레니우스(Svend Arrhenius)는 석탄이 내뿜는 CO_2로 1만 년 내 지구 온도가 끓는 점에 육박해 인류가 멸망할 거라 하였다. 대중이 탄소를 심각하게 받아들인 건, 칼 세이건(Carl Sagan)이 1980

년 명작 『코스모스(Cosmos)』에서 금성(Venus)이 대기의 97%를 차지하는 CO_2 때문에 온도가 467℃로 펄펄 끓게 되었다고 하면서부터이다.

"금성의 대기에 있는 이산화탄소와 수증기 분자들이 적외선 복사열을 거의 완벽하게 차단한다. 그러므로 열복사가 우주 공간으로 나가지 못하고 금성 대기에 갇혀 표면 온도는 점점 상승한다."[116] 그는 지구에 대한 경고도 잊지 않았다. "현재 금성의 표면이 처한 상황을 보고 있노라면, 우리는 엄청난 규모의 재앙이 지구의 위치에서도 일어날 수 있다는 경고의 메시지를 읽게 된다. … 언젠가는 지구의 기온이 온실효과로 인해 급격히 치솟을 가능성이 있다."[117]

온난화는 전적으로 CO_2 때문이고, 온실효과로 온도가 폭주해 지구가 금성처럼 펄펄 끓을 수 있다는 '탄소 폭주론(runaway greenhouse)'은 사실일까?

2. 온실효과의 조연, CO₂

유리 온실은 햇빛을 들이고, 나가는 열은 차단해 포근하다. 공기도 유리보다는 못하지만, 햇빛은 들이고 지구의 열은 보온한다. 푸리에의 온실효과다. 그런데, 온실효과의 디테일은 무지 어렵다. 그래서, 필자가 좋아하는 독일의 저명한 물리학자 사비나 호센펠더(Sabine Hossenfelder)는 SNS에 이렇게 적었다. "기후 과학에 비하면, 양자역학은 애들 장난이다."[118]

구분	태양의 빛(가시광선)	지구의 빛(적외선)
지구의 공기 꼭대기 도달	100	70
반사	30	70
흡수	70	70

<표 11> 태양의 빛과 지구의 빛

지구에 들어온 햇빛은, 100이 다 땅과 바다에 이르는 건 아니다. 공기와 구름이 중간에서 햇빛을 반사한다. 반사량은 30이다. 즉, 지구는 70의 햇빛만 흡수하고, 30은 닿기 전에 우주로 나간다. 하늘을 쳐다보자. 하늘은 파랗게, 구름은 하얗게, 햇빛의 30%를 반사한다.

햇빛 70을 흡수한 지구는, 70을 적외선으로 바꾸어 우주로 내보낸다. 햇빛은 강한 가시광선(可視光線)이 주이지만, 15℃인 지구는 약한 빛인 적외선(infrared)을 쏜다. 36.5℃ 우리 몸에서 적외선이 나오는 것처럼. 약한 적외선은 파장이 길어, 가벼운 공기를 통과한다. 그러나, 무거운 '가스'인 수증기, CO_2 등은 통과하지 못하고 붙잡힌다. '온실효과'이다. 무거운 구름도 적외선을 잡는다. 온실효과로 적외선의 상당수가 우주로 빠져나가지 못하고, 대기에 남는다. 지구를 한동안 데우고 배회하다가, 서서히 나간다. 지구가 따스한 이유다.

버클리 지구의 로드 박사가 선사하는 멋진 그림이다. 지구 적외선은 대부분 (온실)가스와 구름에 의해 막힌다. 온실효과다. 그림 두 번째 칸에서 시커멓게 빛이 막히는 것을 볼 수 있다.

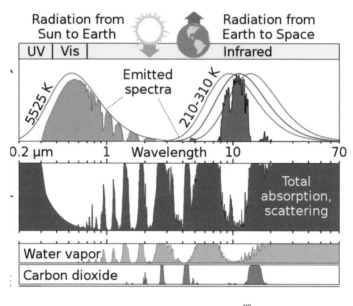

<그림 46> 빛의 흡수, Robert Rohde[119] (수정)

시커멓게 적외선을 차단하는 온실효과의 주역은 누구일까? 세 번째 칸을 보면, 청록색이 압도적으로 적외선을 흡수한다. 주인공은 수증기(water vapor)이다. 이산화탄소가 아니라⋯. 수증기의 온실효과는 우리도 익숙하다. 여름에 습도가 높으면 후덥지근하다. 겨울엔 습도가 낮아서 건조하고 춥다.

고동색 이산화탄소(Carbon dioxide)는 15마이크로미터(μm) 등 몇몇 파장에서만 적외선을 흡수한다. 그나마도, 수증기와 공동으로 흡수한다. 이산화탄소는 수증기의 보조, 즉 온실효과의 조연이다! 도심에 CO_2가 넘쳐도 뜨거워지지 않는 이유다. 수증기의 온실효과에 가린다.

주연이 한 명 더 있다. 수증기의 변신, 구름이다. 기체인 수증기가 하늘로 올라가다 식혀져 물방울로 맺힌 액체가 구름이다. 구름은 햇빛을 막는 주연이다. 햇볕이 쨍쨍 맑은 날과 어두컴컴한 흐린 날을 생각하면, 엄청난 차이이다. 구름은 온실효과의 주연이기도 하다. 구름이 잔뜩 끼면, 적외선은 한 줌도 밖으로 나가지 못한다. 인공위성의 적외선 감지기도 구름을 뚫을 수 없다. 구름이 낀 겨울밤이 포근한 이유이다.

그런데, 로드 박사는 왜 구름을 빠뜨렸을까? 변화무쌍하기 때문이다. 구름 한 점 없이 파란 하늘에는 당연히 구름의 역할이 없다. 그러나, 흐린 날에는 구름이 햇빛을 온통 막고, 적외선도 죄다 막는다. 풍운아 구름은 기후의 왕이지만, 동에 번쩍 서에 번쩍하니 그리기 어렵다.

여름에 뜨거운 도심의 거리를 걷는 상상을 해보자. 먼저, 발밑을 보자. 도시엔 땅이 없다. 작열하는 태양을 피할 흙과 숲 대신, 열을 내뿜는 아스팔트와 콘크리트투성이다. 도시는 열섬(heat island)이다. 고개를 들어 하늘을 보자. 대기오염이 만든 스모그와 미세먼지로 뿌옇던 하늘이 요새 맑아지고 있다. 맑아서 좋긴 한데, 구름이 없어져 태양은 더욱 뜨겁다. 여기에 습도까지 높으면, 후덥지근 덥다.

그런데, CO_2와 친구들의 온실효과는 어떻게 느끼지? 도심을 걷는 당신은 느낄 수 없다. 땅에는 도시의 열섬, 낮은 하늘엔 구름과 수증기라는 막강한 경쟁자들이 있기 때문이다. 온실효과는 이들이 사라진 높은 하늘에서 위력을 발휘한다. 안타깝게도, 우리는 거기에 갈 수 없으니, 느낄 수 없다.

명강의라도, 비좁은 강당에서 들으면 산만해지고 졸린다. CO_2 때문이다. 빨리 마치는 게 명강사의 덕목이다. 그러나, CO_2 때문에 더워지지는 않는다. 강당이 덥다고 느낀다면, 그건 온실효과가 아니라 우리들의 체온 때문이다.

그러나, 수증기와 구름이 온실효과 주연이라 해서, CO_2의 역할이 없는 건 아니다.

수증기와 구름은 공기 중에 짧게 머문다. 습하고 흐릴 때는 큰 역할을 하다가도, 맑고 건조해지면 사라져 버린다. 변덕이 심하다. 그리고, 수증기와 구름은 땅 가까이 낮은 하늘에 많고, 높은 하늘에는 희박하다. 반면, CO_2는 수백 년 넘게 대기에 머물고, 일정한 비율(421ppm)로 공기 꼭대기까지 골고루 퍼져 있다. 그래서, 높은 하늘에는 CO_2가 온실효과의 대장이다!

제2장에서 CO_2와 온도는 수직·수평으로 두루 재어야 한다고 하였다. 하늘 높이 올라가면, CO_2 온실효과의 진수를 만날 수 있다. 킬링의 선견지명처럼, 높은 하늘의 CO_2 농도를 재어야 한다. 마찬가지로,

높은 하늘의 온도를 재어야 CO_2 온실효과를 알 수 있다.

온실효과는 공기 꼭대기(top of atmosphere)에서 재어야 한다.[120]

※ 온실효과의 주연은 수증기와 구름이다.

※ CO_2는 수증기를 도와 온실효과의 조연을 한다.

3. "온실가스가 2.72와트의 열을 붙잡아, 1.07℃ 온도를 올렸다"

· 1850~2019년 인간이 초래한 온도의 상승은 1.07℃이다.

· 1750~2019년 인간이 초래한 2.72와트(W/㎡)의 복사강제력이 지구를 덥혔다.[121]

아마도 IPCC의 「정책결정자를 위한 요약본(SPM)」을 억지로 읽다가 포기해 버리는 지점이 여기가 아닐까? '복사강제력(radiative forcing)'이란 낯선 용어는 물리학자도 책상을 물리게 할 정도니···. 그러나, 넘지 못할 산은 아니다.

빛은 열을 가진다. '복사(輻射, radiation)'라 한다. 따가운 햇살을 받으면 더운 까닭이다. 빛이 가진 열, 즉 복사 에너지는 '와트(watt)'로 측정한다.[122] "오늘도 목로주점 흙바람 벽엔/삼십 촉 백열등이 그네를 탄다" 이연실이 부른 <목로주점>의 한 대목이다. 멋들어진 가사의 '촉

(燭)'은 촛불이란 뜻이고, 촛불 1개는 대략 1와트 밝기이다. '30와트 전구'인 셈이다.

태양 빛은 우주 공간에서 제곱미터당 1,361와트(W/㎡)의 에너지를 가진다. 지구는 둥글다. 따라서, 지구의 한 지점이 받는 햇빛의 세기는 우주 공간의 1/4이다. 구(球)는 $4\pi r^2$, 원(圓)은 πr^2이기 때문이다. '수포자'인 필자에겐 어렵다. 아무튼, 지구는 340와트(W/㎡)의 햇빛을 받는다.

지구는 햇빛의 30%를 반사하고, 70%만 흡수한다. 따라서, 340와트 중 240와트(W/㎡)를 흡수한다. 'ASR(Absorbed Solar Radiation)'라 한다. 30촉(W) 백열등 8개가 1미터×1미터의 좁은 공간에 있는 셈이다.

지구가 방출하는 적외선도 240와트(W/㎡)이다. 'OLR(Outgoing Long-wave Radiation)'라 한다. 지구에서 달아나는 빛 OLR은 지구로 들어오는 빛 ASR과 같아야 한다.

· 지구로 들어오는 햇빛(ASR)은 240와트(W/㎡)이다.
· 지구가 방출하는 적외선(OLR)도 240와트(W/㎡)이다.
· ASR = OLR 이어야 한다.

만일 ASR과 OLR이 다르면 어떻게 될까? 좋은 질문이다. 지금 지구에서 벌어지고 있는 일이니까. 들어오는 햇빛은 그대로인데, 나가는 적외선은 온실효과로 줄어들고 있다!

구분	온실가스		다른 인위적 요소		인위적 요소 합계
	CO_2	기타	에어로졸	기타	
복사강제력 (W/㎡)	2.16	1.68	-1.06	-0.06	2.72

<표 12> 복사강제력, IPCC[123] (재정리)

IPCC는 놀랍게도 온실가스가 붙잡는 적외선을 계산한다. '복사강제력(輻射強制力)'이라는 그 어려운 말이다. 굳이 풀어쓰면, '강제로 잡아둔 빛'이랄까. CO_2는 2.16와트의 적외선을 잡고, 메탄 등 친구들은 1.68와트다. 합쳐서, 온실가스는 3.84와트의 적외선을 붙잡는다. 에어로졸(aerosol)은 하늘의 부유 물질, 즉 먼지다. 구름을 만들고, 스모그를 일으켜 하늘을 어둡게 한다. 그래서, 복사강제력이 음(-)이다. 지구를 식힌다.

아무튼, 온실가스의 '양(+)'에서 에어로졸 등 '음(-)'을 빼면 2.72와트의 복사강제력, 즉 열이 지구에 남는다.

· ASR(240와트) - OLR(χ) = 2.72와트

· OLR(χ)=237.28와트

그렇다. 지구로 들어오는 햇빛은 240와트인데, 우주로 탈출하는 적외선이 237.28와트에 불과해, 2.72와트의 빛이 지구에 남는 것이다. 빛이 여분으로 돌아다니니, 온도가 오른다.

· 온실효과로 2.72와트의 빛이 지구에 남아서, 1.07℃ 온도가 올랐다.

정교하고 아름답다. 하지만, 기후 모형이 시뮬레이션한 것일 뿐이다. 컴퓨터의 세밀한 그림(miniature)은, '관측'이란 혹독한 검증을 거쳐야 한다.

4. 재어 보니, 0.79와트의 열만 지구에 남는다

복잡한 계산을 척척 하는 컴퓨터(computer)는 인류 문명 자체를 바꾸고 있다. 필자도 대학 시절 만난 '286 컴퓨터'와 'MS-DOS'를 잊을 수 없다. 1967년 NOAA의 슈쿠로 마나베(真鍋淑郎)가 집채만 한 IBM 컴퓨터를 받아, 물리법칙과 CO_2, 수증기 등 변수를 집어넣어 복사강제력을 구하였다. '기후 모형(climate model)'이 탄생하는 순간이다. 마나베의 기후 모형은 1차원에 불과했지만(Manabe-Wetherald one dimensional radiative-convective model), 지금은 3D의 수직·수평으로 지구를 조각조각 내어 슈퍼컴퓨터로 몇 달 돌린다. 셀(cell)의 개수만 육지 백만 개, 바다 일억 개다.

IPCC의 분석은 대부분 기후 모형에서 나온다. 기후 모형은 하나가 아니다. 복사강제력을 도출하는 모형만 수백 개다. 문제는, 모형은 모형이라는 게다. 집어넣는 변수가 모형마다 다르니, 값도 제각각이다.

셀이 많다지만, 육지는 110km, 바다는 10km의 간격이다. 거기에 넣기 힘든 건 방랑자 구름, 그리고 미지의 바람·해류다. 변화무쌍하여 정해진 값이 없다.

2.72와트의 복사강제력도 수백 개 기후 모형(앙상블)의 값을 평균한 것이다.

필자는 컴퓨터 게임을 좋아하지 않지만, 예전에 동생들이 집에 오면 하던 EA Sports 사의 <FIFA Road to World Cup 98> 축구 게임을 기억한다. 놀랍게도, 1997년의 게임이 1998 월드컵에 참가하는 모든 선수의 기량을 개별 입력해 놓았다. 팀의 감독이 되어 선수를 직접 고르면, 마치 실제 경기를 치르는 것 같다. "역시 브라질이 제일 강하네" 하며…. 그러나, 데이비드 베컴을 표지에 내세운 게임이 아무리 정교해도, 현실이 아니라 시뮬레이션일 뿐이다. 동생들은 기량이 높은 브라질을 선택했지만…. '1998 월드컵'은 지단의 프랑스가 호나우두의 브라질을 누르고 우승하는 이변으로 끝났다.

현실은 늘 예상을 빗나가고, 이변이 지배한다. 백발백중 예측이 빗나가는 축구 황제 펠레는 1998년에도 우승 후보로 스페인을 찍었다. 2010년에는 브라질, 독일, 아르헨티나를 무더기로 찍어 안전을 꾀했으나, 스페인이 우승하는 바람에 또 체면을 구겼다.[124] 반면, 독일의 예언 문어 파울(Paul)은 스페인의 우승을 포함해 2010 월드컵의 일곱 경기 승패를 모두 맞추는 기염을 토했다.[125]

과학적 시뮬레이션이나 전문가의 합리적 예측은 무용하고, 영험한 신물(神物)의 예언을 따라야 한다는 게 아니다. 문어는 결코 컴퓨터의 지적 능력이나, 조국을 세 번 우승시키고 축구를 예술의 경지로 이끈 황제의 위대함을 따라가지 못한다. "공은 둥글다." 그만큼 축구는 예측하기 힘들다는 것이다.

· 인간이 초래한 복사강제력이 2006-18년 평균 0.79와트(W/㎡)의 열을 추가하였다.[126]

"지구도 둥글다." 기후는 축구보다 훨씬 복잡하다. 따라서, 기후 모형의 시뮬레이션이 '관측(observation)'과 다른 것에 놀랄 필요는 없다.

ISS013E54329

<그림 47> 공기의 꼭대기, NASA[127]

100km 상공으로 가면, 파란 공기와 까만 우주가 만나는 곳이 나온다. 공기의 꼭대기(Top Of the Atmosphere)다. 관측은 또 다른 문명의 이기, 인공위성이 나와서 가능하게 되었다. 공기의 꼭대기에서, 지구로 들어가는 햇빛과 지구에서 나오는 적외선을 재는 시대가 왔다.

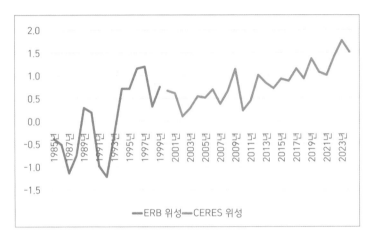

<그림 48> 지구 열 불균형(단위: W/m), Climate Change Tracker(편집) [128] [129]

관측 결과는 놀랍다. 기후 모형은 온실가스가 2.72와트의 빛을 붙잡고 있다고 했는데, 관측 결과, 지구에 0.79와트의 빛만 쌓인다고 한다. 인공위성과 현실의 세계는 많은 이들을 당황하게 만들고 있다!

1984년 발사된 ERBS 위성은 이름부터 '지구 복사 수지(Earth Radiation Budget Satellite)'였지만, 정확도에는 문제가 있었다. 그래도, 1985~1999년까지 부족하나마 지구에 들고 나가는 열을 재었다.[130] 1999

년 테라(Terra), 2002년 아쿠아(Aqua) 위성에 실린 CERES(Clouds and the Earth's Radiant Energy System) 장비는 높은 정확도로, 2000년부터 지구에 남는 열의 불균형(Earth's Energy Imbalance)을 재는 대표 주자이다. 그림의 파란색은 ERBS가, 빨간색은 CERES가 잰 것이다. 당연히 빨간색이 신뢰도가 높다. IPCC도 2006년~2018년의 CERES 관측만 채택해, 0.79와트의 열이 남는다고 결론을 내었다. 사실은 2018년 이후 더욱 많은 열이 지구에 남아 2006~2024년을 평균하면, 0.95와트이다. 그래도 너무 적다.

도대체 이유는 무얼까? 답은 표 12 및 그림 45에 있다. 복사강제력은 온실가스와 에어로졸만 다룬다. 그러나, 기후는 훨씬 복잡하다. 수증기, 구름, 바람, 해류, 지열 등 기후를 움직이는 수없이 많은 다른 요인이 있다. 축구공처럼 지구도 둥글어, CO_2가 늘 때 다른 기후 요인이 덩달아 어떻게 변할지는 컴퓨터가 계산할 수 없다. 관측과 어긋나는 이유다.

5. 온실효과는 기껏해야 0.3℃ 온도를 올렸다

결론을 내자. 먼저, IPCC의 입장은 이렇다. ① 온실효과로 2.72와트의 복사강제력이 생겼다. ② 인간이 초래한 온도의 상승은 1.07℃이다.

그런데, 관측을 해보니, 지구에 남는 열은 2.72와트가 아닌 0.79와트다. 온실효과는 3배 이상 과장되었다. 따라서, IPCC의 결론은 수정되어야 한다.

온실효과가 실제로 지구 온도를 올린 값은 0.3℃이다. 아래의 무식한 계산 결과이다.

2.72W/㎡ : 1.07℃ = 0.79W/㎡ : χ℃, χ=0.31℃

> ※ 온실효과로 지구에 0.79와트(W/㎡)의 열이 추가로 생겼다.
>
> ※ 온실효과가 초래한 온도의 상승은 0.3℃이다.

너무 무식한 계산인가? 필자가 대충 계산한 이유가 있다. 0.79와트의 열도 모두가 온실효과 때문이라고 보이지 않는다. 그래서, 온실효과는 기껏해야 0.3℃를 올렸다.

'기껏해야(at best)'의 의미는 복잡하고, 굳이 계산을 바꿀 필요는 없다. 특별히 관심 있는 독자를 위해서, 별도로 '여담'의 사랑방에서 다루겠다.

그럼, 인간이 올렸다는 지구의 온도 1.07℃ 중 나머지 0.76℃는 누구의 작품인가? 제3부에서 다룰 주제다.

《여담 ①》
기껏해야 0.3℃인 이유는?

여담이니, 건너뛰어도 좋겠다. 다만, 온실효과가 아니라, 구름이 줄어서 햇빛이 늘어나 최근 지구가 뜨거워진다는 충격적인 사실을 알고 싶은 독자에게 일독을 권한다.

단위: W/m²	태양 빛	ASR	OLR	ASR-OLR
2000~2010	340.14	240.7	240.2	0.53
2013~2022	340.16	241.6	240.6	1.05
차이	0.02	0.9	0.4	0.52

<표 13> CERES(EBAF-TOA Ed4.2)가 관측한 태양과 지구의 빛, Loeb 외[131]

NASA의 CERES 관측을 이끄는 로엽(Norman G. Loeb) 박사 팀이 2024년 5월에 공개한 놀라운 최신 자료다. 2000년 이후 CERES 관측을 종합한 것이다.

온실효과 이론은 이렇다. "지구 안으로 들어오는 햇빛(ASR)은 그대로인데, 지구 밖으로 달아나는 적외선(OLR)이 작아져서 지구 온도가 오른다." 예컨대, ASR은 240와트인데, OLR은 239와트라는 것. OLR이 2.72와트 적은 줄 알았는데, 0.79와트만 적다는 것은 이미 보았다.

그런데, 표는 이러한 상식을 뒤집는다. 열의 불균형은 지구에 적외선이 남아서가 아니라, 햇빛이 많이 들어와 생기고 있다! 지구가 흡수하는 햇빛(ASR)은 10년 전 240.7와트였으나, 지금은 241.6와트다. 무려 0.9와트가 늘었다.

재미있는 건, 지구가 내보내는 적외선(OLR)도 늘었다. 240.2와트가 240.6와트로 되었다. 온실효과로 OLR은 줄어야 하는데, 당혹스럽다. ASR도 늘고, OLR도 늘다니….

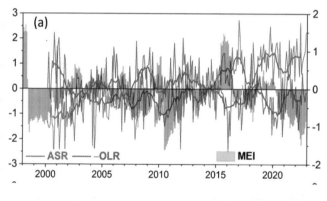

<그림 49> 공기 꼭대기 복사 수지(earth radiation budget)(우, 단위: W/m²), Loeb 외[132]

2010년대 중반부터 지구로 햇빛(ASR)이 많이 들어온다. 빨간색이다. 도대체 원인이 무얼까?

<그림 50> 우주정거장(ISS)에서 찍은, 태평양을 가득 채운 층적운, NASA[133]

"아열대에서 층적운, 중간 구름이 크게 줄고, 중위도에서 낮은 구름, 중간 구름이 줄어든 것이, 북반구에 ASR이 증가한 주요 원인이다."[134] 로엡 박사의 설명이다.

그렇구나. 구름이 줄었다. 하늘에 구름이 덜 끼니, 쨍쨍 햇볕이 드는 시간이 더 많아진다. 그래서, 지구가 흡수하는 햇빛이 늘었다! 층적운 (strato-cumulus)은 낮은 하늘에 쫙 깔리는 먹구름이다. 여름의 흐린 날을 지배하는 녀석이다. 우주정거장에서 찍은 층적운은 장관이다. 그 넓은 태평양 바다를 모두 메우고 있다. 층적운이 줄어들어 지구가 더워진다니 큰일이다.

그런데, 지구의 적외선 OLR은 왜 늘어날까? 온실효과로 줄어야 하는데….

그것은 쉽다. 구름이 줄지 않는가. 구름의 온실효과는 CO_2를 압도하니, 당연히 적외선은 더 많이 우주로 달아나는 게다. 그림 49의 파란색이다. 그림이 좀 복잡한데, 로업은 -OLR을 취했다. 즉, OLR은 '거꾸로' 최근 늘어나고 있다.

그럼, CO_2의 온실효과가 지구 온도에 미치는 영향은 없다고 해도 될까? 그건 아직 성급한 결론이다. NASA의 연구는 이제 막 나왔다. IPCC와 과학계가 정리할 시간이 필요하다. 제7차 보고서를 기대해 보자. ASR이 늘어난 것과 ASR과 OLR의 차이에 대하여 온실효과와 대기오염 감소가 각각 얼마의 역할을 하는지 규명이 필요하다. 다만, 필자는 그것이 가능할지 의문이다. 아무튼, CO_2의 온실효과는 생각보다 훨씬 작다. 필자가 '기껏해야 0.3℃'라고 한 이유다. 그리고, 구름이 줄어든 이유가 퍽 흥미진진하다. 제3부에서 보겠다.

《여담 ②》
온실효과가 쪼그라든 이유는?

역시 여담이다. 조금 더 어렵다. 다만, CO_2가 두 배로 늘어도 온실

효과는 별로 커지지 않는다는 당혹스러운 결과를 소개한다.

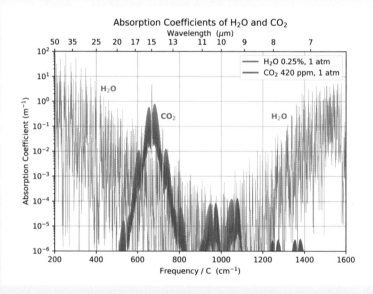

<그림 51> 수증기와 CO_2의 온실효과, Wikipedia 재인용[135]

수증기와 CO_2가 적외선을 흡수하는 파장이다. CO_2는 15μm(주파수로는 700Hz[136])에서 강하게 적외선을 흡수한다. 그러나, 수증기도 적외선을 흡수한다.

아레니우스가 CO_2의 온실효과를 강조할 때, 1900년 크누트 웅스트롬(Knut Ångström)은 CO_2가 늘어나도 온도가 많이 올라가지 않는다고 반박하였다. CO_2의 흡수 파장이 수증기와 중복된다는 이유다.[137] 그렇게 보이기도 한다. 15μm대에는 수증기도 있어서 온실효과가 포화인데, CO_2가 추가로 늘어나는 게 영향이 있을까? 'CO_2 포화(saturation)'의 문제라 한다.

1956년 길버트 플라스(Gilbert Plass)가 땅에서는 CO_2가 포화이지만, 수증기가 없는 높은 하늘에서는 CO_2의 온실효과가 위력을 발휘한다고 정리하였다. CO_2 포화 문제는 수면 아래로 가라앉았다.[138] 정말 깔끔히 정리되었을까?

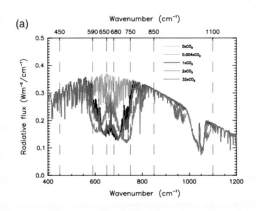

<그림 52> 농도 단계에 따른 CO_2의 적외선 흡수, Zhong 외 p.103

최근의 연구[139]를 보면, 포화 문제는 정리되지 않았다. 그림을 보자. CO_2가 전혀 없다가(파란색, $0 \times CO_2$) 현재 농도(까만색, $1 \times CO_2$)로 올라가면, 700Hz, 즉 15μm에서 적외선이 많이 흡수된다.

그러나, CO_2가 2배(보라색, $2 \times CO_2$)로 올라도, 적외선 흡수에 별 차이가 없다. 무려 32배로 올라야(빨간색, $32 \times CO_2$), 15μm가 아닌 다른 파장을 통해 약간의 적외선 흡수가 더 일어난다. 연구는 "CO_2 농도가 높아지더라도 포화는 없고, 온난화 기여도 중단되지 않을 것"이라고 하지만[140], 충격적이다. 32배로 올라갈 일은 없으니, 관심이 없다. 결국, CO_2가 현재보다 두 배로 올라도, 온실효과는 별것이 없다는 이야기 아닌가.

지구의 역사를 보더라도, CO_2와 온도가 비례하지 않는다. CO_2가 조금 올랐는데, 온도가 확 올랐던 적이 있다. 지금의 간빙기다. BC 2만 년부터 170에서 280ppm으로 110ppm 늘었지만, 온도는 10℃나 올랐다. CO_2가 확 늘었는데, 온도가 별로 오르지 않은 예도 있다. 지금이다. 산업혁명 때 280ppm에서 지금 421ppm으로 무려 약 140ppm 늘었지만, 온도는 고작 1.09℃ 올랐다. '고작'은, 어폐가 있긴 하지만….

앞에서, 높은 하늘에서 잰 지구의 온도가 그다지 올라가지 않음을 보았다. 플라스는 높은 하늘에서 CO_2의 온실효과가 크다고 하였지만, 그렇지 않은 것이다.

온실효과가 생각보다 작은 이유는 무얼까? 현실의 지구에는 수없이 많은 기후 인자가 있기 때문이다. CO_2가 늘어나도 수증기, 구름,

바람, 해류, 지열 등 다른 요인이 온난화를 증폭시킬지, 반대로 온난화를 상쇄시킬지는 알 수가 없다. 예컨대, CO_2가 늘어도 수증기가 이에 합세하지 않으면, 온도는 그다지 오르지 않는다. 실제로 수증기는 거의 늘지 않고 있다.

물론, 위의 연구 결과들도 모형으로 미래를 예측한 것일 뿐, 관측에 의한 것이 아니다. 미래의 현실은 어떻게 될지 아무도 모른다. 아무튼, CO_2가 기후에 미치는 영향은, 생각보다 작다. '기껏해야', 온실효과는 0.3℃ 지구 온도를 올렸다고 한 이유다.

제3부
지구 온난화의 공범들

제1장
불처럼 뜨거웠던 2023년

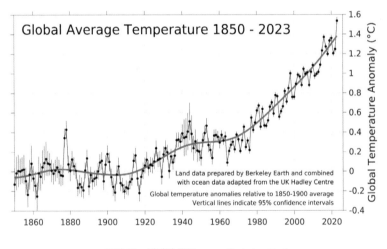

<그림 53> 세계의 온도(단위: ℃), Berkeley Earth

　　2023년은 뜨거웠다. 불타올랐다고 해야 할 것 같다. 버클리 지구 (Berkeley Earth)는 2023년 세계 평균 기온이 1850~1900년 대비 1.54℃ 올랐다고 발표하였다. 개별 연도이지만, 최초로 1.5℃를 넘은 것이다![141]

세계적으로 역대 최고 기온이었다. 우리나라도 2023년 13.7℃는 2016년 13.6℃를 제치고 최고다. 우리가 살아온 나날 중, 2023년은 가장 뜨거웠다. 왜 이렇게 뜨거울까?

예의, 그 CO_2 때문일까? 물론이다. …하지만, 좀 쑥스럽다.

"기후변화와 엘니뇨의 조합으로, 2023년은 더울 수밖에 없었다. … 그런데, 이렇게 심할 줄 몰랐고, 보이지 않는 추가 원인이 있는 것 같다(코페르니쿠스)."[142], "장기 추세는 인간이 초래한 온난화가 온도를 올리지만, 매년 랭킹은 단기의 자연적 변동이 반영된다(버클리)."[143] EU의 지구 관측 프로그램 코페르니쿠스(Copernicus)와 버클리 지구의 진솔한 설명이다.

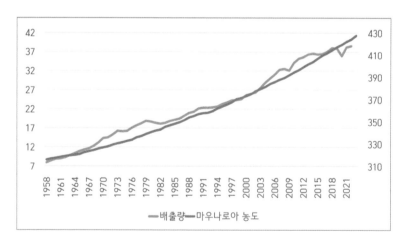

<그림 54> 탄소 배출량(좌, 단위: 10억 톤)과 마우나로아 CO_2(우, 단위: ppm), IEA/Scripps

2020년대엔 코로나와 석탄 규제로 탄소 배출량이 주춤하였다. 그럼에도, CO_2 농도는 늘고 있고, 또한, CO_2 농도가 크게 늘지도 않았는데도 수은주가 마구 오른다. 미스터리다. '특별한' 무언가를 찾는 이유다.

'보이지 않는 추가 원인(additional unforeseen factors)', '자연적 변동(natural variability)', 그건 무얼까? 공신력 있는 기관의 '추가 원인'을 망라해 보았다.

① 2023년 5월 동태평양이 뜨거워지는 엘니뇨(El Niño)가 시작되었다.[144] ② 2023년 태양 주기가 극대기에 가까워졌다.[145] ③ 2022년 1월, 남태평양의 홍가 통가 해저화산(Hunga Tonga-Hunga Ha'apai)이 폭발해서, 성층권에 막대한 수증기를 뿜었다.[146] ④ 대만 부근의 대류가 활발해, 우리나라 동쪽 고기압이 발달하였다.[147]

⑤ 국제해사기구(IMO)가 선박 기름을 규제하여, 바다의 구름이 줄었다.[148]

①~④는 자연적인 것이다. 주기적으로 때가 되면 찾아올 뿐, 추세적으로 지구의 온도를 올리지는 않는다. 관심거리가 아니다. ⑤는 다르다. 대기오염이 감소해 온도가 오른다는 인위적 요소다. 관심이 간다. 관심거리가 하나 더 있다. 도심을 걷는 우리 모습을 상상한 적이

있다. 그렇다. 아스팔트와 콘크리트…. 도심을 뜨겁게 하는 주역을 빼놓을 수 없다.

이번 장은 '기후변화의 공범들'을 추적해 본다.

"강호에 녀름이 드니/ … 이 몸이 서날해옴도 역군은(亦君恩) 이샷다./강호에 겨월이 드니/ … 이 몸이 칩지 아니해옴도 역군은 이샷다." 조선 세종 때 재상 맹사성의 「강호사시가(江湖四時歌)」이다. 여름이 와도 시원하고, 겨울이 와도 춥지 않은 것을 모두 임금 덕으로 여기는 넉넉한 마음이다. 하지만, 사시사철의 조화가 나라님 덕이 아니듯, 여름이 덥고 겨울이 따뜻해지는 것이 모두 CO_2 때문은 아니다.

제2장
도시에는 열이 넘친다

1. 도시의 시대

도시와 시골을 구분하는 기준은 딱히 없다. 도시는 사람과 물건이 모여드는 곳이다. 최초의 도시는 메소포타미아의 우루크(Uruk)이고, 문명의 시작이다. 하지만, 산업혁명의 시대에도 도시는 사람들이 주로 사는 곳이 아니었다. 여전히 사람들은 시골에 흩어져 살았다. 20세기 후반 그 흐름이 깨졌다.

1960년 도시의 인구는 10억, 시골은 20억 명으로, 인류의 2/3는 시골에 살았다. 2008년, 도시가 시골을 추월하였다. 2020년 현재 도시는 44억 명, 시골은 34억 명으로, 56%의 인구가 도시에 산다. 산업화를 일찍 이룬 우리나라는 1977년에 도시가 시골 인구를 추월하였다.

2021년 현재, 81%의 인구가 도시에 산다.

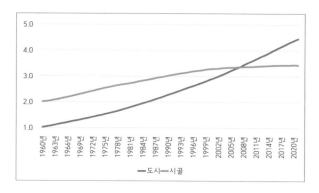

<그림 55> 세계 도시와 시골 인구(단위: 십억 명), Our World in Data[149]

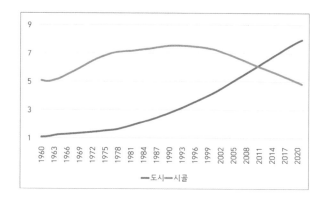

<그림 56> 중국의 도시/시골 인구(단위: 억 명), Our World in Data

도시화의 일등 공신은 단연 중국이다. 대약진 운동을 하던 1960년, 중국의 도시 인구는 1억에 불과했고, 시골은 5억 5천만 명이었다. 도시화율 16%로, 전형적인 농업 국가였다. 그러나, 1980년대 공업 국가로

변모하였고, 도시 인구가 폭증하였다. 이제 중국인 62%는 도시에 산다. 500만 명 이상의 도시가 19개, 100만 이상은 102개이다.

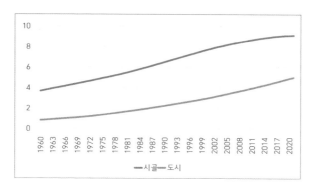

<그림 57> 인도의 도시/시골 인구(단위 억 명), Our World in Data

인도는 시골도 늘고, 도시도 는다. 도시화율이 35%에 그친다. 9억이 넘는 시골 인구는 언젠가 도시로 몰려들 것이다. 세계의 도시화가 당분간은 지속될 것이란 예상을 할 수 있다.

2. 도시는 열섬이다

도시에는 사람도 많고, 물건도 많고, 차도 많고, 건물도 많고… 열도 많다. 도시는 서늘한 시골에 둘러싸인 열의 섬, 즉 '열섬(urban heat island)'이다. 타오르는 아스팔트에서 무럭무럭 피는 열기…. 한여름 도로는 50℃나 된다. 도시는 이글거리는 아스팔트와 콘크리트로 덮여 있다. 열을 식힐 흙과 숲이 없다.

<그림 58> 서울과 주변 지역 기온(단위: ℃), 기상청

서울은 주변 지역보다 기온이 높다. 대도시 수원도 높다. 하지만, 양평과 파주는 낮다. 서울은 양평과 1℃, 파주와 2℃ 차이가 난다.

100년간 변화	도쿄	요코하마	나고야	교토	오사카	삿포로	15개 시골
℃	3.3	2.8	2.9	2.7	2.6	2.7	1.6

<표 14> 100년간 기온 증가율, 일본 기상청[150]

일본의 사례다. 도쿄, 나고야, 오사카의 3대 대도시와 15개의 시골을 비교했더니, 지난 100년간 도시가 0.4~1.7℃ 더 올랐다.

미국의 사례를 보자. 제2부에서 피닉스의 도심은 교외보다 5~10℃ 높았다.[151] 미 환경국은 캘리포니아주 내 도시의 열섬을 지수(Urban Heat

Island Index)로 만들었는데, 작은 도심은 0.5~1.0℃, 큰 도심은 5℃ 이상 온도가 높았다.[152] 2010년 MODIS[153] 인공위성으로 38개 美 대도시를 측정하였는데, 도심이 교외보다 2.9℃가 높았다.[154]

비영리법인 Climate Central도 미국 44개 도시를 지수화하였다. 열섬 효과의 평균은 4℃이다. 뉴욕은 시골보다 4.8℃ 높다. 휴스턴, LA, 시카고, 마이애미 등이 평균을 넘는다.

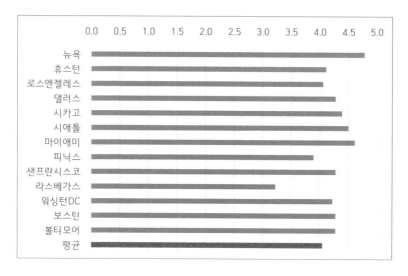

<그림 59> 열섬 지수(Urban Heat Island Index, 단위 ℃), Climate Central[155]

종합하면, 1~5℃까지 도시의 열섬 효과가 난다. 도시는 뜨겁다! 도시엔 왜 열이 많을까?

3. 열섬의 원인은 도시 자체다

도시의 열섬도 탄소 때문일까? 도심엔 CO_2가 특별히 높다. 도시는 CO_2의 온실효과가 커서, 시골보다 더운 게 아닐까? 이런 생각은 피닉스의 CO_2를 조사한 연구에서 바로 부정되었다. "증가한 CO_2 농도는 열섬에 약간의 영향을 미칠 뿐이고, 다른 요소, 즉 지면의 포장이나 메마른 토양 등이 도심의 기온을 대부분 올린다."[156]

피닉스 도심의 CO_2는 2000년 550ppm으로, 교외 380ppm을 압도한다. 그러나, 고도가 높을수록 엷어진다. 평균하면, 교외보다 몇 ppm 높지 않다. CO_2는 피닉스 도심의 온도를 고작 0.12℃ 올렸다. 5~10℃에 이르는 열섬은 다른 원인에서 오는 것이다.

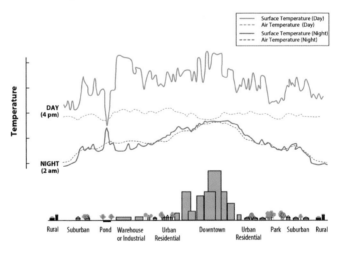

<그림 60> 열섬 효과 다이어그램(Diagram), 美 환경보호국(EPA)[157]

미국 환경국의 멋진 그림이다. 한낮 오후 4시 도심(downtown)의 땅은 뜨겁다(surface temperature). 그러나, 하늘은 도심과 교외가 다르지 않다(air temperature). 지면만 가열된다. 밤이 되면 상황이 다르다. 새벽 2시 도심 온도는 급격히 오른다. 지면뿐만 아니라 하늘의 공기도 뜨겁다. 아스팔트·콘크리트가 밤에 열을 내뿜는 것이다. 열대야가 왜 생기는지 알겠다.

그럼, 무엇이 지표(地表)를 달구는가? 미 환경국의 역시 멋진 설명이다.

① 도시에는 흙, 나무, 물이 없다. 딱딱한 표면은 수분과 그늘을 앗아간다. ② 검은 아스팔트와 콘크리트가 낮에 열을 잔뜩 머금다가, 밤에 토해낸다. ③ 콘크리트 빌딩 숲이 바람길(wind flow)을 막는다. ④ 자동차, 에어컨 실외기, 공장 굴뚝에서 쉴 새 없이 폐열이 나온다. ⑤ 열섬 효과는 바람이 잔잔한 맑은 날, 분지 지형에서 심하다.[158]

결국, 열섬 효과를 일으키는 건 도시 자체다. 도시는 콘크리트와 아스팔트로 이루어져 있다. 그래서, 도시를 새로 만들 때는 숲, 흙, 물이 있도록 도시 숲, 공원과 녹지, 그리고 호수와 연못을 만들어 열을 식혀야 한다.

4. 도시의 열섬 효과는 온실효과를 압도한다

최근 우리 기상청이 열섬 효과를 분석하였다. "지난 48년간 우리나라 16개 도시의 연평균 기온은 10년당 0.37℃ 상승하였고, 기온 상승의 약 24~49%는 도시화 효과로 인한 것으로 분석되었다. 특히, 중소도시의 도시화 효과는 29~50%로 대도시의 22~47%에 비해 큰 것으로 추정되었다."[159]

일본 기상청의 분석을 앞에서 보았다. 지난 100년간 도쿄 등 대도시는 0.4~1.7℃ 더 올랐다. 도시화 효과가 20~52%에 이른다. 미 환경보호국도 열섬 효과의 강도를 분석하였다. 100만 명 이상 대도시의 연평균 기온은 주변 교외보다 1~3℃ 높다.[160]

각국 기상청에 따르면, 열섬 효과는 최대 50%에 이른다. 온실효과의 비중은 1.1℃ 중 0.3℃라 했고, 이는 29%이다. 열섬 효과는 온실효과보다 큰 것이다. 다만, 지구 온난화는 도시뿐만 아니라 시골과 오지, 바다에도 있으므로, 열섬 효과를 숫자로 계량화하기는 어렵다.

IPCC가 열섬 효과에 대하여 침묵을 지키고 있는 것은 아쉽다. 이른바 '기후 게이트' 때, 중국 도시의 열섬 효과가 크지 않다는 보고서가 논란이었다.[161] 시골로 옮기거나, 기록이 부실한 관측소를 썼다는 의혹이었다.[162] 중국 도시의 열섬 효과는 작지 않다. 도시의 열섬은 온실효과와 함께 지구 온난화의 커다란 원인이다!

※ 도시의 기온이 상승한 것의 절반은 열섬 효과이다.
※ 도시 열섬 효과는 온실효과를 압도한다.

제3장
먼지가 걷히면, 지구가 더워진다

1. 뿌연 먼지는 지구를 식힌다. 그런데…

"바람에 날리는 먼지/모든 건 먼지다."[163] 그룹 캔자스(Kansas)의 철학적 노래 <Dust in the Wind>다. 방 안에 수북한 먼지(in-door particulate) 절반은 우리 피부 각질이고, 밖에 돌아다니는 먼지(out-door particulate) 대부분은 흙이 부서진 것이다. 세상의 유기물·무기물은 부수어져 바람에 날리면 먼지가 된다. 모든 건 먼지다. 공기에 떠다니는 부유 물질을 총칭해서, '에어로졸(aerosol)'이라 부른다. 필자는 '먼지'가 좋다. 모든 건 먼지니, 먼지라고 쉽게 부르면 좋지 않겠나.

미세먼지는 가늘어 우리 건강에 많은 해가 된다. 더욱 좋지 않은 건

오염 물질이 섞여 있다는 것이다. 그림 61은 2009년 중국 동부를 덮었던 거대한 미세먼지다.

<그림 61> 중국의 미세먼지(2009), NASA(MODIS)[164]

석탄에는 이산화탄소도 있지만, 대기오염의 원인인 황(sulfur)도 있다. 성냥을 켜면 코끝을 찌르는 냄새의 정체다. 연탄가스의 유독 성분이고, 산소와 만나 '이산화황($S+O_2=SO_2$)'이 된다.[165] 휘발유·디젤 자동차의 배기가스에서는 '질소산화물(nitrogen oxides)'이 나오고, 공기와 만나 오존이 된다. 자동차 꽁무니가 뱉는 매캐한 냄새의 갈색 매연이다.

스모그는 추운 날 안개와 오염 물질인 연기가 뒤섞여 뿌옇게 하늘을 뒤덮는 것이다. 1905년 영국의 데 뷰(H.A. Des Vouex)가 연기의 'smoke'와 안개의 'fog'를 합쳐 '스모그(smog)'란 신조어를 유행시켰다. 1952년 '런던 스모그(Great Smog of London)'는 역사상 최악의 스모그였다. 5일 동안 살인적인 갈색 안개가 걷히지 않았다. 난방과 화력발전에 쓰이는 석탄이 주범이었다. '런던형 스모그(London smog)'라 부른다.

<그림 62> 런던 스모그 때 횃불로 신호하는 경찰(1952), Channel 5[166]

1950년대에는 LA 등 미국 대도시에도 스모그가 심했다. 원인은 다르다. 자동차와 사랑에 빠진 나라 미국답게, 자동차 배기가스의 질소산화물과 오존(O_3)이 갈색 스모그를 만든다. 'LA형 스모그(Los Angeles

Smog'이다. 1970~1990년대 서울의 스모그도 악명이 높았다. 연탄 난방과 자동차라는 두 가지 원인이 합성되어, 이른바 '서울형 스모그(Seoul Smog)'라 불린다.

이 밖에도, 해로운 먼지가 많다. 나무나 숲을 태우면, 갈색 연기인 '유기질 탄소(organic carbon)'와, 까만 '검댕'인 '블랙 카본(black carbon)'이 나온다. 바람을 타고 이동하여, 빙하와 만년설을 녹인다.

갑자기 찾아와 하늘을 뒤덮어 버리는 불청객, 먼지는 어떤 역할을 할까?

- 먼지는 지구를 식히고 있다? 그렇지 않다

· 온실효과가 아닌 다른 인간 활동은 0.4℃ 지구를 식혔다.[167]

IPCC 요약본의 말이다. '다른 인간 활동'은 주로 먼지다. 자로 잰 듯한 계산이다. CO_2가 이끄는 온실효과는 1.5℃ 지구를 덥혔으나, 먼지가 0.4℃ 지구를 식혀서, 결국 1.1℃ 지구의 온도가 상승했다는 게 IPCC의 '명쾌한' 계산이다.[168]

분명, 먼지는 지구를 식힌다. ① 하늘을 온통 뿌옇게 미세먼지와 스모그가 덮으면, 햇빛을 막는다. '직접 효과(direct radiative effect)'이다. ② 이산화황 같은 데 수증기가 달라붙으면, 구름이 쉽게 뭉친다. 구름 응결핵(cloud condensation nuclei)이라 한다. 구름이 많으면 햇빛을 막는다.

'간접 효과(aerosol-cloud interactions)'이다.

직접이든 간접이든, 먼지가 지구를 식히니 IPCC의 말은 일리가 있다. 그러나, IPCC의 분석은 정적(靜的)이다. 동적(動的)으로 보면 다르다.

문제는, 지구상에서 먼지가 걷히고 있다는 게다. 1980년대부터 선진국에서 대기오염이 물러나고 있고, 중국 등 개발도상국의 하늘도 최근 맑아지고 있다. 진단이 잘못되었다. 온실효과를 갉아먹으면서, 먼지가 지구를 냉각시키고 있는 것이 아니다. 걷히고 있는 먼지 때문에 지구가 더워지는 것이다! "에어로졸은 줄어들고 있다. 더 이상 온도 상승을 늦추고 있지 않다."[169] NASA의 정확한 진단이다.

두 가지 사실을 혼동하지 말자. ①1970년대까지는 먼지가 늘어 지구가 차가워졌다(Global Dimming). ②1980년대부터는 먼지가 줄어 지구가 뜨거워진다(Global Brightening).

2. 먼지가 걷히고 있다

화석연료는 일면 CO_2를 배출해 온난화를 일으키고, 다른 면으론 이산화황·질소산화물을 배출해 지구를 식힌다. 로마의 신 야누스(Janus)처럼 얼굴이 두 개다. 이는 기후변화의 복잡한 방정식을 만든다. 화

석연료를 줄여 대기오염을 막으면, CO_2가 줄어드는데도 지구의 온도
가 올라가기 때문이다.

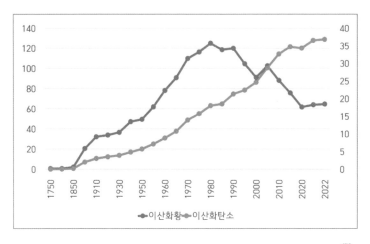

<그림 63> 이산화황(좌. 단위 백만 톤)/CO₂(우. 단위. 십억 톤) 배출량, Our World in Data[170]

1970년대까지는 이산화황과 이산화탄소의 배출량이 같이 늘었다.
석탄이 세계의 난방과 발전을 책임지던 시절이다. 그런데, 1980년대
들어 둘은 갈라져, 이산화황은 줄고 CO_2는 늘고 있다. 무슨 일이 있었
을까?

런던 스모그로 혼난 영국은 1956년 '공기 정화법(Clean Air Act)'을 만
들어 연기가 없는 무연탄으로 난방을 바꾸고, 석탄 화력 발전소를 도
시 외곽으로 옮겼다. 그러자, 이번에는 국경을 벗어난 오염이 문제가
되었다. 높은 굴뚝으로 하늘에 솟아오른 이산화황은 북해를 건너 스칸

디나비아에 산성비를 몰고 왔다. 1972년 스톡홀름에서 'UN 인간환경회의(Stockholm Conference)'가 열렸고, 1985년 헬싱키에서 이산화황 배출을 30% 감축하는 「황 의정서(Sulphur Protocol)」를 체결하였다. '30% 클럽'은 1993년까지 목표를 초과 달성하였다.

1988년 탈황설비(flue-gas desulfurization)가 영국의 드락스(Drax) 발전소에 설치되었다. 배기가스에 석회석을 뿌리면 황이 응고된다. 황이 섞인 검은 연기가, 수증기가 변한 하얀 연기로 바뀌었다. 비용이 다소 들지만… 좋다. 이산화황 배출은 1980년 1억 3,400만 톤에서 2022년 6,931만 톤으로 획기적으로 줄었다.

<그림 64> 탈황설비를 달기 이전(좌)과 이후(우)[171]

다만, 아쉽게도 탈황 설비만으로는 석탄의 이산화탄소까지는 잡지 못하고, 고비용 장비(CCUS)가 별도로 있어야 CO_2를 없앨 수 있다. 그래서, 이산화황은 줄고, CO_2는 계속 늘고 있다.

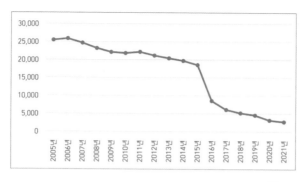

<그림 65> 중국의 이산화황 배출량(단위: 천 톤), statista.com[172]

하늘은 계속 맑아질 것이다. 대기오염의 산실 중국에서도 이산화황
이 대폭 줄었다. 2006년 2,588만 톤이던 배출량이 2021년 275만 톤,
자그마치 1/10로 줄었다. 2008 베이징 올림픽을 계기로, 중국 정부는
대기오염과 전쟁을 치렀다. 2004년에는 석탄 화력 발전소에 탈황설
비를 갖추었으며, 2013년에는 낡고 효율이 떨어지는 발전소들을 정리
하였다.[173]

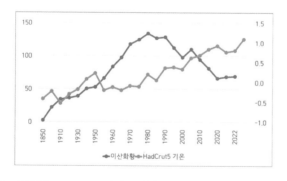

<그림 66> 이산화황(좌, 단위: 백만 톤)과 온도 편차(우, 단위: ℃), Our World in Data/英 기상청

이산화황은 지구를 식히는 힘이 강하다.[174] 감이 잡힌다. 세계 온도는 1970년대까지 주춤하다가, 1980년대부터 고공 행진을 시작하였다. 공교롭게 이산화황이 줄어든 때와 일치한다. 그렇다면, 1970년대까지는 공해 때문에 온도가 오르지 못하다가, 이후에 올라갔단 말이 아닌가.

· 1970년대 중반 이후 에어로졸의 음(-)의 복사강제력이 줄었다.[175]
· 이산화황의 변화는 CO_2보다 온도에 미치는 영향이 살짝 더 크다.[176]

IPCC 「요약본(SPM)」보다, 두꺼운 「본 보고서(AR 6)」는 솔직한 면이 많다. "에어로졸은 온도를 내린다"라고만 하는 요약본과 달리, 놀라운 이야기가 담겼다. 1970년대 정점을 찍고 세계의 공해가 줄었다. 이때부터, 에어로졸, 즉 먼지는 지구를 식히지 않고, "지구를 데우기 시작하였다." 1980년대부터는 CO_2 온실효과와 함께 온도를 올리는 상승작용을 하였다. 물론, 도시화 효과도 있다. 삼박자다.

변수가 있다. 석유가 연소할 때 나오는 질소산화물(Nitrous Oxide)은 좀체 배출량이 줄지 않는다. 세계의 자동차 대수가 계속 늘기 때문이다.

다만, 자동차의 천국인 미국은 1980년대부터 배출이 줄어들고 있고, 무섭게 급증하던 중국도 배출 정점에 가까운 게 아닌가 한다. 신흥 배출국 인도가 관건이지만, 자동차 배기가스 오염도 꺾일 날이 머지않을 것으로 본다. 자동차 배기가스에서 나오는 질소산화물과 오존이 줄

어들기 시작하면, 이산화황의 감소와 더불어 지구의 온도를 더욱 크게

올릴 것이다.

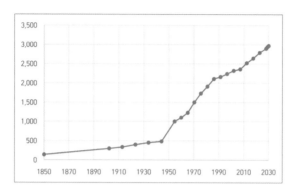

<그림 67> 질소산화물 배출량(단위: 백만 톤CO_2eq), Our World in Data

<그림 68> 주요국 질소산화물(단위: 백만 톤CO_2eq), Our World in Data

CO_2보다 온도를 많이 올리는 것을 두 개나 찾았다. 도시의 열섬,

그리고 줄어드는 먼지다!

※ 먼지가 줄어 지구 온도를 올렸고, 이는 CO_2의 온실효과보다 더 크다.

3. 2023년을 불타게 한 바다 구름의 감소

<그림 69> Terra 위성의 MODIS가 잡은 미국 서안의 배 구름. NASA[177]

2020년 국제해사기구(IMO)가 과감한 규제를 단행하였다. 선박 기름의 황(sulfur) 성분을 3.5%에서 0.5%로 줄이도록 한 것이다.[178] 값싼 벙커C유에 안주하던 해운사들은 세 가지 선택에 직면하였다. 연료를 비싼 디젤로 바꾸든지, 탈황설비인 스크러버(scrubber)를 달든지, 아니면

이참에 큰맘 먹고 LNG 선박으로 개조하든지 말이다.

이는 지구의 기후에 커다란 영향을 불러왔다. 위성 사진엔 배가 지나가는 자리에 하얗게 '배 구름'이 낀다. 황이 응결핵 역할을 해서 구름이 쉽게 끼는 것이다. 그런데, IMO 규제로 갑자기 바다의 하늘이 깨끗해진 것이다!

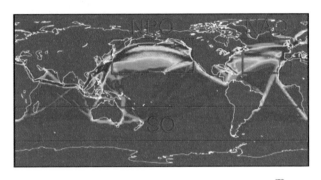

<그림 70> 선박과 함께 이동하는 이산화황, Qinjian Jin 외[179]

북태평양(NPO)과 북대서양(NAO)은 황을 배출하는 대형 선박의 이동로이다.[180] 연구에 따르면, 국제 해운의 황 때문에 -0.153W/㎡의 복사 강제력이 발생한다.[181] 구름을 만들어 지구를 식힌다는 얘기다. IMO 규제로 대양에 배 구름이 줄어 0.153와트 냉각 효과도 사라졌다.

태평양 바다를 온통 덮어버리는 낮은 먹구름, 층적운의 위력을 본 바 있다. 층적운(marine stratocumulus clouds)은 바다의 20%, 지구의 6.5%를 평소 메운다. 이산화황은 '듬성듬성 낀 층적운(open-cell MSCs)'을 '바다를 가득 덮는 층적운(closed-cell MSCs)'으로 바꾸는 결정적 역할을 한다.[182] 그것이 사라졌으니….

4. 먼지의 미래

· 향후 10~20년은 먼지가 CO_2보다 온도에 미치는 영향력이 세다.
· 다만, 30년 뒤에는 CO_2의 영향력이 더 세진다.
· 먼지 때문에, 2100년 0.2~0.5℃ 더워질 것이다(SSP 2-4.5).[183]

요약본에는 없는, IPCC 본 보고서에 나오는 멋진 예측이다. 먼지의 막강한 힘이 느껴진다.

2040년까지는 먼지가 줄어들어 온도가 오를 거라는 이야기다. 이산화황 감소 때문이다.[184] CO_2의 온실효과를 압도한다.

그러나, 2050년 이후 CO_2의 영향이 커진다는 전망엔 동의하지 않는다. 2050년에는 화석연료 자체가 줄어들어 지구 온난화가 약해진다는 게 필자의 견해이다. 우리 세대에 기후변화를 끝낼 수 있다! 2050년 이후엔 화석연료도 줄고, CO_2도 줄고, 먼지도 줄어서 기후변화를 걱정하지 않는 세상이 올 것을 믿는다.

※ 2040년까지 먼지가 줄어 지구의 온도가 상승할 것이다.

※ 2050년 이후에는 화석연료 자체가 줄어 기후변화를 끝낼 수 있다.

먼지는 하늘에 머무는 기간이 짧아 단기에 일소할 수 있다. 수백 년을 돌아다니는 CO_2와 다르다. 그래서, 인류에게 희망이 있다. 지구 온난화와 싸우는 것도 좋지만, 당장 코가 따가운 대기오염부터 확실히 근절하는 게 더욱 좋겠다. 지구 온도가 당분간 오르더라도….

제4장
구름도 걷히고 있다

1. 날씨의 변덕스러운 지배자

하늘과 태양만 있다면 얼마나 단조로울까. 태양은 붉기만 하고[185], 하늘은 파랗기만 할 것이다. 구름이 있어 다채롭다. 맑은 하늘에 흰 구름이 점점이 있다가, 진한 먹구름이 몰려와서 비가 내린다. 하루의 풍경을 만드는 건 구름이다. "눈물을 감추려고 하늘을 보니/정처 없는 구름 나그네" 최헌의 노래다. 노랫가락처럼 구름은 하늘의 나그네다. CO_2가 등록된 하늘의 주민이라면, 구름은 고작 일주일 하늘에 머물다가 비가 되어 바다와 땅으로 돌아간다.

하지만, 주민이 아니라고 무시하면 안 된다. CO_2는 고작 0.0421%

로 주민 등록을 하였지만, 방랑자인 수증기·구름은 평균 1%다. 폭우가 쏟는 날엔 공기의 5%에 이른다. 메마른 사막은 0%이지만…. 변덕이 심하다. 1%는 시시한가? 그림을 보자. 세계의 2/3는 구름으로 덮여 있다. 건조한 사막을 제외하면, 구름이 태반이다.

<그림 71> 2024년 5월, 지구의 구름(하얀색이 100%), NASA(Terra/MODIS)[186]

구름은 날씨의 지배자다. 햇빛이 쨍쨍 나는 맑은 날은 덥고, 흐린 날은 구름이 해를 가려 서늘하다. 밤에는 거꾸로, 온실효과로 보온을 해준다.

변덕쟁이 구름의 위력은 온실가스에 비할 바가 아니다. IPCC가 계산한 맑은 날과 흐린 날의 복사 에너지 차이를 보자.

W/㎡	태양의 빛		지구의 적외선	
	지구로 들어오는 빛	반사되는 빛	지표에 닿는 빛	방출되는 적외선
구름을 포함	340	100	240	239
맑은 날	340	53	287	267

<표 15> 구름이 있는 날과 없는 날의 에너지 균형(energy balance), IPCC[187]

낮의 구름은 햇빛을 차단해서 지구를 식힌다. 태양은 두꺼운 구름을 뚫을 수 없다. 맑은 날은 햇빛이 287와트나 땅에 도달한다. 반면, 구름이 있으면 240와트만 흡수된다. 구름이 햇빛을 차단하는 효과는 47와트다. 밤의 구름은 온실효과를 낸다. 지구의 보온 담요이다. 구름이 없는 날, 지구가 방출하는 적외선은 267와트다. 구름이 있으면, 239와트만 우주로 탈출한다. 구름의 온실효과는 28와트다.

구름이 햇빛을 막아 지구를 식히는 효과(47W/㎡)는 구름이 적외선을 막아 지구를 덥히는 온실효과(28W/㎡)보다 훨씬 크다. 세상에 구름이 없다면 지구는 매우 더울 것이다.[188]

2. 구름이 걷히고 있다

구름은 줄고 있다. 파랗게 표시된 운량(雲量, cloud fraction), 즉 하늘에서 구름이 차지하는 면적은 1980년대 70%를 넘나들다, 2010년대엔 64%를 밑돈다. 무려 7.3% 줄었다.[189] 빨간색의 세계 온도가 상승한 것과는, 방향이 반대다. 구름이 줄고 있다!

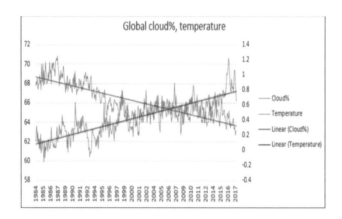

<그림 72> 구름 면적(청색, 단위: %)과 온도(적색, 단위: ℃), ISCCP/Jonas 외 재인용[190][191]

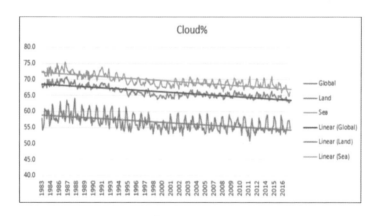

<그림 73> 바다(회색)와 육지(주황색)의 운량(단위: %), ISCCP/Jonas 외 재인용

바다와 육지 모두 구름이 줄고 있다. 바다는 7.3%, 육지는 7.5% 줄

었다. NASA에 의하면, 낮은 구름인 층적운(Strato-Cumulus)이 가장 많이 줄고 있다.[192] 태평양 바다를 가득 메우는 그 먹구름이다. 그들이 사라 진다니 큰일이다. 지구를 식히는 큰 역할을 이들이 했기 때문이다.[193]

<그림 74> 서울의 운량(단위: 할割), 기상청

우리나라의 구름도 줄었다. 서울의 구름은 20세기 초반 5할을 웃돌 았으나, 1980년대 후반부터 감소해 지금은 5할을 밑돈다. 감소세는 최근 주춤하지만….

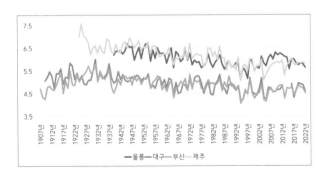

<그림 75> 전국 지점별 운량(단위: 할割), 기상청

다른 지역도 맑은 날이 늘어나고 있다. 바람 많은 삼다도(三多島) 제주는 7할이 넘던 구름이 지금은 6할 아래다. 비구름을 몰고 오는 바람이 잦아들고 있다. 필자 처가는 제주도인데, 아내는 구름이 준 걸 못느낀다고 한다. 우리는 의외로 하늘이 변하는 것을 잘 모른다.

줄어드는 구름은, 결국 기후의 지배자가 되고 있다.

3. 구름이 걷혀 지구가 더워지고 있다

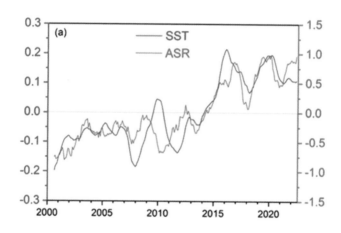

<그림 76> 지구가 흡수하는 햇빛(ASR, 단위: W/m)과 바다 온도(SST, 단위: K), Loeb 외

제2부 제3장의 '여담'에서 보았지만, 최근 지구가 불바다처럼 더운 원인은 햇빛이 많이 흡수되기 때문이다. 지구에 닿는 햇빛(ASR)은 원래 240와트였지만, 지금은 241.6와트가 되었다. 바다 온도를 0.3℃나 올

렸다.[194] 지구 표면의 햇빛은 왜 늘었을까? 구름이 줄었기 때문이다. 대양을 가득 메우던 낮은 구름이 사라지니, 햇볕이 쨍쨍 비추어 바다가 끓는 것이다. 그럼, 구름이 기후의 지배자가 아닐까?

구름은 변하고 있다. 40년 동안에 7%나 구름이 줄었다. 그러나, 구름은 피동적이다. 스스로 줄지 않는다. 인간이 개입된 다른 원인이 앞에 있다. 구름이 기후를 지배하는 게 아니라, 운전자가 따로 있으니 구름은 기후를 움직이는 '반쪽' 지배자, 즉 피드백(feedback)이다.

- 구름은 누가 줄였을까?

· 지구 온난화로 증발량과 강수량이 는다(높은 확신).[195]
· 강수량은 2100년까지 1.5~8% 늘어날 것 같다(SSP 2 시나리오).[196]
· 구름의 피드백은 0.42와트(W/㎡)이다.[197]

구름을 줄인 기후의 운전자는 누구일까? IPCC에 따르면, 온도가 올라 구름이 줄었다. CO_2가 온도를 올리고, 온도가 올라 구름이 줄었다는 것이다.[198]

온도가 오르면 뜨거운 바다에서 증발이 많아지므로, 수증기가 늘 것이다. 많아진 수증기는, 결국 비가 되어 내린다. 당연히 강수량이 늘 것이다. 여기까지는 쉬운데, 중간에 있는 구름이 문제다. 구름이 지구를 0.42와트 데운다고 한다. 원래 구름은 햇빛을 차단해 지구를 식히는 녀석인데…. 아하, 구름이 줄어든다는 뜻이구나!

① 온도가 오르면 수증기가 늘어난다.

② 수증기는 늘어나지만, 구름은 줄어든다.

③ 구름은 줄어들지만, 비는 많이 온다.

이해는 된다. 온도가 올라가면, 수증기는 더 높은 곳으로 올라가야 차가운 공기를 만나서 구름으로 응결된다. 낮은 하늘에 구름이 잘 맺히지 않는 것이다.

그런데, 무언가 이상하다. 수증기는 반드시 구름이 되어야 땅에 내려오니…. 구름이 줄어들면, 도대체 비는 어디서 내리는가? '역설(paradox)'이란 게 있다. 하나하나 과정을 보면 일리가 있는데, 결론을 보면 앞뒤가 모순되는 것이다. IPCC는 '구름의 역설'을 만들어 버렸다.

구름은 기후변화의 세계에서 참으로 애물단지이다. 온도가 오르면 구름이 늘어난다고 해보자. 구름이 늘어야 비가 많이 오니 상식적이다. 챠니(Charney) 등 초기 기후학자의 모형이 취한 태도다. 그러나, 구름이 늘면 지구가 식혀지니, 온난화가 상쇄된다. 온실가스 폭주론의 스텝이 꼬인다. 반면, 구름이 줄어든다면, 구름 피드백으로 온난화가 커진다는 멋진 결론이 된다. 그러나, 수증기는 느는데 구름이 왜 줄어야 하고, 구름이 주는데 비는 왜 많이 내리는지를 설명하기 어렵다. 구름의 역설 말이다.

"구름 피드백은 가장 큰 불확실성이다."[199] IPCC의 솔직한 말이다. 필자는 온도가 올라 구름이 줄어든 효과는 미미하다 본다. 수증기 자체가 거의 늘지 않았기 때문이다.

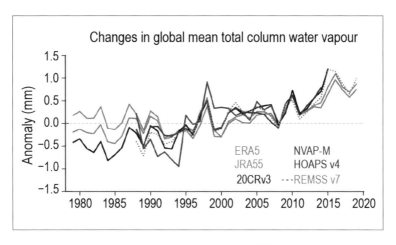

<그림 77> 총 수증기의 양, IPCC[200]

관측한 결과는 수증기가 1980년대 이후 1mm 늘었다는 것이다. 세계 강수량이 1,000mm인 것을 고려하면 늘었다고 하기가 민망하다. 실제 수증기는 거의 늘지 않았다.

강수량을 보면 20세기 전반에 비해 늘어난 것 같다. 하지만, 1950년대 이후 지금까지는 큰 변동이 없다. 추세적으로 강수량이 늘었다고 보기도 힘들다.

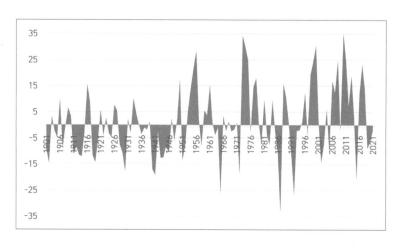

<그림 78> 세계 평균 강수량 편차(단위: mm), 美 환경국(US EPA)[201]

결국, 기온이 올라 수증기는 늘고 구름은 줄었다는 가설은 관측에서는 증명되지 않는다. 구름을 줄인 진짜 주범은 따로 있다는 말이 된다.

4. 구름이 사라진 이유는, 대기오염이 줄었기 때문이다

구름이 사라지는 이유를 굳이 CO_2와 수증기를 동원해 복잡하게 설명하지 않아도 된다. 구름을 만드는 '응결핵(cloud condensation nuclei)', 즉 대기오염 물질이 줄었기 때문이다.

"2014년 7월 1일 오늘 ⋯ 79개국이 대기의 상층부에 CW7을 살포할 예정입니다. ⋯ 인공 냉각제인 CW7에 의해 지구 평균 기온이 적정 수준까지 내려갈 것입니다."[202] 봉준호 감독의 영화 <설국열차 (Snow-piercer)> 도입부다. 인공 냉각제가 너무 과해, 지구에 빙하기가 온다는 내용이다. <투모로우>처럼 또 빙하기가 등장하였다.

수증기는 기체이므로, 고체인 먼지에 앉으면 구름으로 응결이 쉽게 된다. 먼지 입자가 응결핵, 즉 구름의 씨앗(cloud seed)이 되는 것이다. 오염 물질인 이산화황은 훌륭한 씨앗이지만, 실제 인공강우에는 요오드화 은(silver iodide) 같은 비싸고 효과가 좋은 화학물질을 쓴다.

CO_2 농도가 1,200ppm이 되어 온도가 4℃ 올라가면, 바다를 덮는 낮은 구름인 층적운이 흩어져 지구 온도가 8℃ 더 오른다는 연구가 있다.[203] CO_2가 1,200ppm까지 올라갈 일은 없을 테니, 크게 걱정할 일은 아니다.

반면, 오염된 먼지(anthropogenic aerosol)가 층적운 유지에 가장 중요한 역할을 하고, 서유럽 해안의 층적운은 먼지가 없으면 즉시 흩어질 것이란 연구가 있다.[204] 온도가 올라가는 걸 기다릴 필요 없이, 먼지가 줄면 구름이 바로 흩어진다는 게다. 그런데, 국제해사기구(IMO)가 선박 기름의 황 성분을 규제하면서, 구름을 없애는 '뜻하지 않은 기후 공학 실험(unplanned geo-engineering experiment)'을 한 셈이 되었다.[205] 오염을 없애는 일이니, 결과적으로 지구를 덥혀도 잘한 게다.

유별났던 2023년의 온도를 보자. 수상하다. 페루 앞바다만 뜨거운 게 아니라, 나머지 바다도 뜨겁다. 엘니뇨 때문이라면 남태평양만 뜨거울 텐데⋯. 버클리의 로드는 뜨거운 대서양을 지적하고[206], 필자는 뜨거운 북태평양이 수상하다.

※ 대기오염 감소로, 구름이 줄어들고 있다.

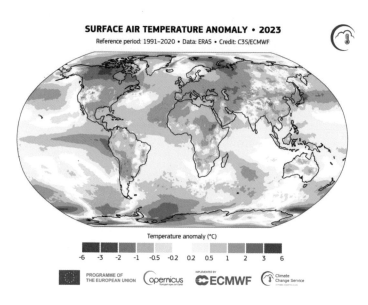

<그림 79> 1991~2000년 대비 2023년 온도 편차, Copernicus[207]

제5장
태양은 잴 때마다 다르지만, 거기 그대로 있다

만화가 허영만의 『식객』을 보면, 「밥상의 주인은 밥이다」 편이 나온다. 물론이다. 반찬이 아니라 밥이 주인이다. 마찬가지로, 하늘의 주인은 태양이다. 46억 년 전 태양이 탄생하고, 반 억 년 뒤 남은 가스(solar nebula)에서 지구와 태양계 행성이 나왔다. 모든 건 태양에서 나왔다.

태양은 초대형 수소폭탄이다. 수소를 헬륨으로 바꾸는 핵융합 폭발로 태양의 핵은 15만 도이다. 표면은 6천 도(5,777K)로 낮아지지만…. 태양의 수명은 아직 절반이 남았다. 계속 뜨거워지고 있다. 8억 년 뒤에는 10%나 더 밝아진다. 너무 뜨거워 지구의 바다가 모두 증발할 것이다. 그러나, 태양의 일생은 기후 과학의 관심사가 아니다. 우리는 고작 수천 년, 수만 년의 인류 문명을 걱정할 뿐이다. 태양의 역사에서는 찰나이지만….

하지만, 태양도 단기간에 부침이 있다. 강해졌다가 약해진다. 하늘의 주인인 태양이 조금만 변해도, 지구의 기후는 커다란 영향을 받는다. 그래서, 망원경이 발명되자마자 과학자들은 태양의 관측에 매달렸다. 하늘의 주인 아닌가! 니콜라스 케이지(Nicholas Cage) 주연의 영화 <노잉(Knowing)>에서는 거대한 태양풍(solar flare)이 닥쳐 지구가 멸망한다는 이야기가 나온다. '태양이 갑자기 뜨거워지면 지구는 어떻게 될까?'라는 막연한 불안감을 잘 건드렸다.

놀랍게도 태양도 숨을 쉰다. 11년 주기로 태양의 힘이 늘었다 줄었다 한다. 이를 '태양 주기(solar cycle)'라 한다. 태양은 거대하고 뜨거운 기체의 덩어리다. 지구의 대기가 바람을 타고 순환하듯이, 태양도 뜨거운 열이 차가운 데로 이동한다. 태양의 대류(convection)다. 자기를 띤 열이 이동하면서 자기극(magnetic polarity)이 바뀐다. 태양의 북극은 11년마다 남극이 되고, 북극으로 복귀하면 22년이 걸린다(Babcock-Leighton dynamo). 이 과정에서 태양의 힘은 늘었다 줄었다 한다. 힘이 셀 때가 극대기(solar maximum), 약할 때가 극소기(solar minimum)다.

지구에 앉아서도 태양의 힘을 재는 멋진 방법이 있다. 태양이 강할 때는 검은 반점 같은 게 많아진다. '흑점(sunspot)'이다. 흑점이 왜 생기는지는 수수께끼다. 자기장이 강할 때는 뭉치는 데가 생기나 보다. 빛과 열이 자기장에 막혀 나오지 못해, 온도가 낮고 까만 점(黑點)이 된다.

흑점에 대한 관심은 고대부터 뜨거웠다. BC 800년 주나라 『주역(周

易)』에는 "해 속에 북두성이 보인다, 해 속에 어둑어둑한 것이 보인다 (日中見斗, 日中見沬)"라는 기록이 있다. 세계 최초의 흑점에 대한 언급이 다.[208] 가장 유명한 흑점은 1610년의 것이다. 1608년 망원경이 발명되자, 갈릴레오가 천체 망원경으로 개량하여 1610년 흑점을 발견하였다.

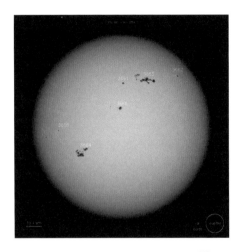

<그림 80> 태양의 흑점(2024. 5. 4.), NASA[209]

태양에 주기가 있다는 건 영국의 윌리엄 허셜(William Herschel)이 알아 차렸다. 1801년 그는 "흑점이 적으면, 밀 가격이 오른다."라고 하였다. 태양의 힘이 약하면 기온이 낮아져, 밀 농사가 흉작이 되기 때문이다. 마침내 베른 천문대의 볼프(Rudolf Wolf)가 역사상 흑점을 전수조사해, 주기가 평균 11년임을 밝혔다. 기록이 충실한 1755~1766년을 1기(solar cycle 1)로 삼았다. 2019년에는 제25기가 시작되었다. 2025년은 제25기

의 극대기이다.

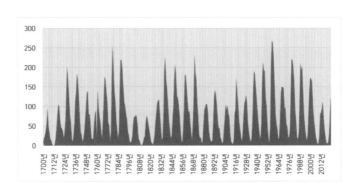

<그림 81> 태양 주기와 흑점, 벨기에 왕립 천문대[210]

20세기 전반에 태양 활동이 활발해져서, 제19기의 정점 1957년에는 하루 평균 269개의 흑점이 나타났다. 하지만, 20세기 후반부터 태양 활동은 수그러져, 직전 정점(제24기)인 2014년엔 113개에 그쳤다. 2023년 123개로 늘긴 했지만….

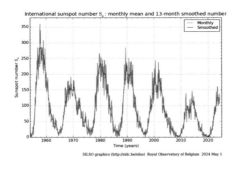

<그림 82> 최근 태양의 흑점, 벨기에 왕립 천문대

1980년대부터 치솟아 오른 세계 온도와는 분명 추세가 다르다. 따라서, 태양 활동과 지구 온난화는 관계가 없다. 태양은 극대기·극소기를 반복할 뿐, 추세적으로 힘이 늘어나지 않는다. 물론, 억만 년 뒤는 다르지만….

공교롭게, 더웠던 2023년에 태양 활동이 커지긴 했다. 2024년까지 극대기가 계속될 것이다. 하지만, 극소기였던 2020년에도 지구는 더웠다. 최근 지구가 불처럼 더운 것과 태양 활동은 분명 관계가 있지만, 온난화와 태양은 관계가 없다! 영화 <노잉>처럼 태양 힘이 갑자기 세져 지구를 삼킬 걱정은 안 해도 된다.

※ 태양의 활동과 지구 온난화는 관계가 없다.

다만, 인공위성이 재는 태양의 힘은 정확하지 않다. 뒤죽박죽이던 태양의 에너지는 2011년 SORCE 위성 장비가 발사되면서 1,361와트(W/㎡)로 공식화되었다. 하지만, 2017년 SORCE를 대체한 TSIS 장비는 이보다 값이 크다. 인공위성의 현 실력으로는, 태양은 잴 때마다 다르다.

제4부
지구 온난화의 미래

제1장
기후변화의 끝이 보인다

제2부에서 CO_2와 온실가스 친구들이 온난화를 일으킨 것은 0.3℃에 불과하다고 하였다. 나머지, 0.8℃는 다른 인위적 요인에 의한 것이다.

제3부에서 그 '인위적 요인'들을 찾아보았다. 도시의 열섬 효과는 온실효과를 압도한다. 먼지가 줄어 구름이 없어진 것은 온실효과를 압도한다. 따라서, 작금의 기후변화는 CO_2의 온실효과, 도시의 열섬, 그리고 먼지의 감소가 만들어 낸 삼박자 합작품이다. 하나의 원인으로는 설명되지 못한다.

지구 온난화가 순전히 CO_2 온실효과 때문이라면, 큰일이다. 화석연료를 당장 추방해야 한다. 넷제로라는 극단적인 처방을 써야 한다.

온실효과만이 아니라면, 하나의 원인에 집착하지 않고 슬기롭게 여유를 가지고 대처하면 된다. 에너지를 질서 있게 단계적으로 바꾸어 온실가스도 줄이고, 오염도 줄이자. 지속 가능한 성장을 하되, 인구 감소와 저성장이라는 괴물에 당하지 말자.

현명한 처방은, 성장의 종말 없이 기후변화의 종말을 이루는 것이다.

제2장
시나리오? 물론, 골디락스지

소녀 골디락스(Goldilocks)는 곰 세 마리의 수프(porridge) 중 뜨겁지도 차갑지도 않은 '적당한(just right) 것'을 먹었다. 영국의 동화 『골디락스와 곰 세 마리(Goldilocks and the Three Bears)』에서 골디락스의 원칙이 탄생하였다. 경제가 성장하면서도, 과열되지 않아 물가가 안정되면 '골디락스 경제'이다. 지구는 너무 덥지도, 춥지도 않은 '골디락스 지대'에 있어 생명체가 살아간다. 어디에도 치우침이 없는 '중용(中庸)'의 길이랄까.

IPCC의 「사회경제적 경로(Shared Socio-economic Pathway)」, 다섯 개 시

나리오다.[211] 지구 온난화의 미래를 그린 것이다.

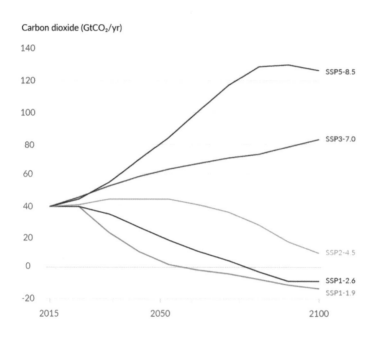

Carbon dioxide (GtCO₂/yr)

<그림 83> CO₂ 배출 시나리오, IPCC/skepticalscience.com

시나리오 1(SSP 1-1.9)은 아주 세게 탄소를 감축하는 안이다. 2050년
에 탄소 배출이 제로가 된다는 지극히 낙관적 시나리오다. 이름에 붙
은 숫자는 2100년에 복사강제력이 1.9와트(W/㎡)가 된다는 뜻이다. 현
재 2.72이니, 복사강제력이 줄어 온도가 내려간다는 가슴 벅찬 이야기
다. 시나리오 1의 두 번째(SSP 1-2.6)는 약간 세게 탄소를 감축하는 안이
다. 2070년에 탄소 배출이 제로가 된다.[212] 여전히 낙관적이다. 2100년

에 2.6와트(W/㎡)이니, 더 이상의 온도 상승은 억누르겠다는 이야기다.

시나리오 2(SSP 2-4.5)는 낙관도 비관도 아닌, 중간의 길이다. 2100년이 되어도 탄소 배출이 제로가 되지 않으니 비관적이다. 그러나, 2050년 이후 탄소 배출이 줄어드니 낙관적 면도 있다. 딱 중간이다. 2100년에 4.5와트(W/㎡)이니, 파리 기후협약의 마지노선 2℃는 초과할 전망이다.

시나리오 3(SSP 3-7.0)과 5(SSP 5-8.5)는 비관적 시나리오다. 인간의 탐욕이 탄소를 2배와 3배 더 내뿜는다. 온도가 많이 올라간다.

1.5℃ 이내로 온도를 누르려면, 또는 차선으로 마지노선 2℃라도 지키려면, 시나리오 1 외에는 선택이 없다. 그게 가능하다면….

2. 시나리오 1은 불가능하다

딱 잘라 말할 수 있다. 시나리오 1은, 둘 중 어느 것도, 실현 불가능하다.

2050년이든 2070년이든 탄소 배출 제로는 불가능하다. 화석연료가 남기 때문이다. 석탄은 2020년 159엑사줄(exajoules)에서 줄지만, 2100년에도 여전히 116이다. 신재생 에너지가 최대 에너지가 되지만, 2100년에도 에너지 절반은 화석연료 몫이다. 따라서, 시나리오 1이 전제하는 2050년/2070년 넷제로는 불가능하다.

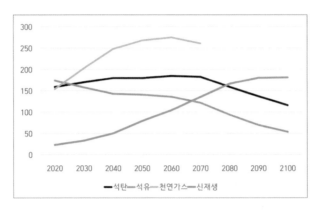

<그림 84> 시나리오 1에 따른 에너지 전망(단위: EJ), Carbon Brief[213]

"지구 온난화를 1.5℃로 억제하는 넷제로 로드맵은 매우 어렵지만, 길은 여전히 열려 있다." 세계 에너지 기구(IEA)의 말이다. 불가능하다는 소리다.[214] "2021년 (각국이) 발표한 2030년 감축 목표(NDC)로는 21세기 1.5℃가 넘는 걸 막을 수 없고, 2℃ 이내로 막는 것도 힘들 것이다."[215] IPCC의 고백이다. 2021년 글래스고 기후총회(COP26)에 필자도 갔었다. 실상은 2030년까지 CO_2 40% 내외를 감축하는 NDC(Nationally Determined Contribution)도 달성이 어렵다.

화석연료를 없애기가 왜 이렇게 힘들까? 지구의 밤을 보자. 전깃불이 들어오지 않는 오지가 아직 많다. 전기 수요는 2022년 89EJ에서

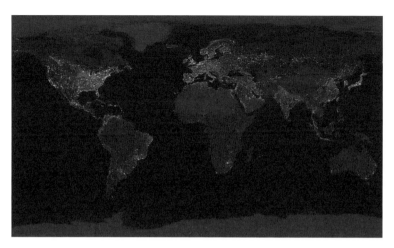

<그림 85> 지구의 밤, NASA 인공위성

2050년 159EJ로 두 배 늘 것이다. 석탄은 전기를 만드는 가장 값싼 수단이다. 더러운 화석연료의 도움 없이, 깨끗한 에너지만으로 두 배의 전기를 감당할 수는 없다.

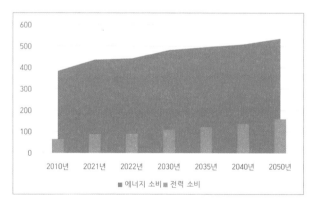

<그림 86> 세계 에너지/전력 소비 전망(단위: EJ), IEA[216]

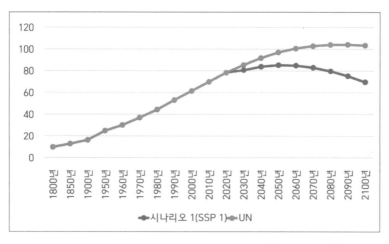

<그림 87> 인구(UN/SSP 1, 단위: 억 명), Our World in Data[217]/CarbonBrief[218]

UN 전망은 세계 인구가 2080년 104억 명 정점에 달한 후, 2100년 까지 제자리걸음을 한다. 그런데, 최종 보고서에는 실리지 않았지만, 시나리오 1을 따르면 2100년 70억 명으로 인구가 준다. 에너지와 물질을 내핍하면 성장이 멈추고, 인구도 억제된다. 어차피 세계는 사람들로 넘치니, 조금 줄어도 괜찮지 않을까? 생각보다 간단하지 않다.

심각한 인구 소멸이 기다리는 나라도 있다. 중국의 인구는 2100년 6억 명까지 준다. 농업 국가이던 1950년대 수준이다. 반면, 미국은 4억 7천만 명까지 늘고, 인도도 여전히 10억이 넘는다. 우리나라 인구도 2100년 3,200만 명으로 줄어든다. 넷제로는 '성장의 종말'과 세계 질서 재편이라는 묵직한 주제와 연결된다. 인구 소멸에 처한 나라들이 받아들일까?

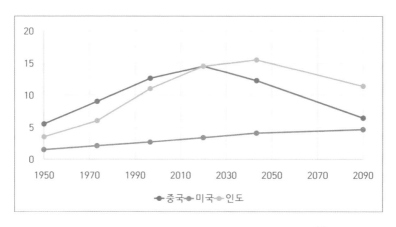

<그림 88> 시나리오 1(SSP 1) 인구 전망(단위: 억 명), Samir KC 외[219]

2022년 한국갤럽의 조사에 의하면, 가장 피해 가능성이 높은 재난·재해로 국민의 76%가 저출생·고령화, 69%가 기후변화를 꼽았다.[220] 기후변화보다 더 무서운 것이 성장의 종말이라는 말이다.

재미있는 설문 결과가 있다. 2021년 탄소 중립 위원회가 실시한 '탄소 중립 시민사회 설문'이다.[221] 무려 55%의 사람들이 "2050년보다 더 빨리" 탄소 중립을 해야 한다고 답하였다.[222] 2050년도 무리인데, 참 급하다. 하지만, 각론에 들어가면 달라진다. 가령 돈 문제다. 탄소 중립을 위해 전기 요금을 얼마나 더 낼 수 있냐 물어보니, '월 5천 원 이내'가 35%로 제일 많았다. 미안하지만, 독일·덴마크처럼 신재생 일변도로 가면 3배의 전기료를 각오해야 한다.

IPCC도 "시나리오의 묘사가 모든 미래를 다 포괄하는 건 아니라서, 시나리오에 대해서 중립적"이라고 한다.[223] 어쨌든, 시나리오 1이라는 비상조치는 실행하기 어려울 듯하다.

　※ 시나리오 1은 불가능하다.

　　① 화석연료를 완전히 없앨 수 없다.

　　② 인구와 성장을 희생할 나라는 없다.

　　③ 비용을 선뜻 낼 개인은 없다.

시나리오 1이 불가능하다면, 대안은 무엇일까?

3. '중간의 길'을 골디락스로 만들자

시나리오 3~5는 화석연료를 많이 쓰는 길이다. 구구절절 이유가 있다.

시나리오 3은 '지역적 대결(regional rivalry)' 구도이다.[224] 작금 미·중 대결과 러·우 전쟁이 본보기다. 상대에게 질 수 없으니, 탄소 감축을 고려할 겨를이 없다. 시나리오 4는 '분열된 길(A Road Divided)'이다.[225] 잘 사는 지역은 번영을 구가하나, 못 사는 곳은 계속 가난하다는 구도다. 하지만, 세계화를 오해한 것 같다. 세계화가 되면 오히려 빈곤이 사라진다. 이 시나리오는 결국 최종본에서 빠졌다. 시나리오 5는 에너지·

자원을 맘껏 쓰는(fossil-fueled development) 성장형이다. 세계화의 만개로 인구와 경제가 끝없이 성장하지만, 탄소 감축은 신경 쓰지 않는다.

2015년 파리 기후협약으로 전 세계가 기후변화 대응에 나서고 있으므로, 시나리오 3~5는 우리가 따를 수 없는 것이다. 일고할 가치가 없다.

시나리오 2는 '중간의 길(A middle-of-the-road)'이 별칭이다. 시나리오 1로 가지 못하고 중도에 좌절된, 마치 '어정쩡한 길'이라는 느낌이다. "사회·경제·기술의 흐름이 역사적 패턴을 벗어나지 못하고…, 기술 발전이 속도는 내지만, 근본적 혁신(fundamental breakthrough)은 하지 못하고…, 화석연료 의존도가 점차 낮아지지만, 여전히 무분별하게 이용되고…" 등의 투다.[226] 하지만, 필자에게는 뜨겁지도 차갑지도 않은 '적당히 좋은 것'으로 들린다.

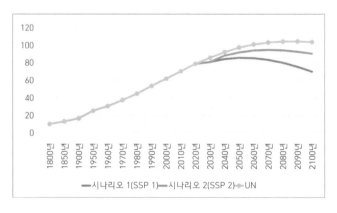

<그림 89> 미래 인구 전망(단위: 억 명), Our World in Data/CarbonBrief

중간의 길은 인구 전망도 중간이다. 2060년 인구가 정점을 치지만, 2100년에도 90억 명이나 된다.

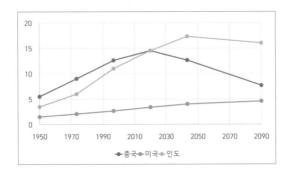

<그림 90> 시나리오 2(SSP 2) 인구 전망(단위: 억 명), Samir KC 외

2100년 중국 인구는 7.7억 명으로, 6.4억 명인 시나리오 1보다 그래도 낮다. 인도의 인구가 16억 명이나 되긴 하지만….

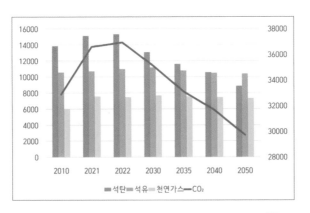

<그림 91> CO₂ 배출량(단위: 백만 톤 CO₂, 총 CO₂ 눈금은 오른쪽), IEA[227]

'2023 에너지 전망(World Energy Outlook 2023)'에서 IEA의 '깜짝' 발표가 있었다. "석탄, 석유, 그리고 천연가스에 대한 세계 수요는 2030년 이전에 정점에 달한다(STEPS 가정)."[228] 화석연료의 시대가 진짜 일찍 저물까? 화석연료의 수요가 쉽게 꺾이지는 않을 것이라 본다. 하지만, IEA판 시나리오 2인 STEPS(Stated Policies Scenario)에서 화석연료의 시대가 서서히 가고 있음을 실감하게 된다. 그렇게만 되면, CO_2 배출량은 2022년 369억 톤에 달한 후, 2050년에는 300억 톤 밑으로 떨어진다. 굳이 넷제로를 무리하게 할 필요가 없는 이유가 또 생긴 셈이다.

하지만, 장벽이 있다. 시나리오 2를 따르면, 2100년에 온도가 2.7℃까지 올라간다. 파리 기후협약에서 정한 2℃를 훨씬 웃돈다. 포기하지 말자. IPCC의 계산은 과장되었다. 시나리오 2 옆에 붙은 4.5라는 복사 강제력은 근거가 없다. 다음 장에서 보겠다.

제3장
2100년에 2℃까지 오른다

1. CO₂ 농도는 600ppm까지 는다

2030년에 탄소 배출량이 정점에 달하고, 이후 감소한다는 IEA의 반
가운 분석을 보았다. 너무 낙관적인 느낌이 들지만…. 하지만, 탄소 배
출량이 줄더라도, 공기 중 CO_2 농도는 계속 늘어난다. 넷제로가 되지
않는 한, 하여튼 계속 배출되니까…. 심지어, 넷제로가 되더라도 실제
언제부터 CO_2 농도가 줄어들지는 미지수다. 희석에는 시간이 걸린다.

주황색이 시나리오 2(SSP 2)이다. CO_2 농도는 계속 늘지만, 2080년
무렵에 정체되어 2100년까지 600ppm 수준을 유지한다. 산업혁명 이
전 280ppm의 2배가 넘는다. 하지만, 더 이상 늘지는 않는다. 시나리

오 2가 따를 만한 것인지는 CO_2가 2배가 될 때, 지구 온도가 얼마가 될지에 달려 있다.

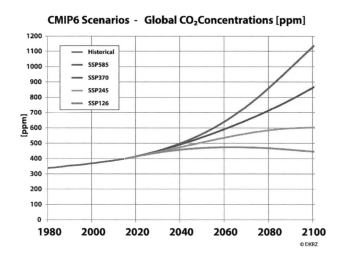

CMIP6 Scenarios - Global CO_2 Concentrations [ppm]

<그림 92> 시나리오별 CO_2 농도, DKRZ(DeutschesKlimaRechenZentrum)[229]

2. 2100년에 2.7℃까지 오르지는 않는다

시나리오	2021~2040년	2041~2060년	2081~2100년
1 (SSP 1-1.9)	1.5	1.6	1.4
2 (SSP 1-2.6)	1.5	1.7	1.8
3 (SSP 2-4.5)	1.5	2.0	2.7
4 (SSP 3-7.0)	1.5	2.1	3.6
5 (SSP 5-8.5)	1.6	2.4	4.4

<표 16> 시나리오별 온도(단위 ℃), IPCC[230]

시나리오 2를 따르면, 2040년 1.5℃, 2060년 2℃, 그리고 2100년에는 2.7℃가 된다고 한다. 2.7℃는 너무 높다.

"CO_2 농도가 두 배로 늘면, 지구의 온도는 몇 도나 오를까?" 이를 '기후 민감도(Equilibrium Climate Sensitivity)'라고 한다. 기후 민감도는 기후 과학의 백미다. 미래에 대한 예측이기 때문이다. 슈퍼컴퓨터를 동원해, 세계의 수많은 기후 모형이 민감도를 도출하는 레이스를 벌인다. 멋진 개념이다. 시나리오 2를 택하면 2100년 대략 CO_2가 두 배가 되니, 궁합이 맞다.

1970년대 이른바 「챠니 보고서」 때부터, 민감도는 3℃라는 게 대세였다. IPCC 제6차 보고서(SPM)도 우여곡절 끝에 민감도를 3℃라고 한다.[231] 2100년에 2.7℃까지 오른다는 시나리오 2와 얼추 숫자가 비슷하다. 3℃ 민감도의 신화를 그냥 따르면, 아무 문제가 없을까? 오히려, 2.7℃로 낮춘 시나리오 2가 과소 예측을 한 걸까? 여기서 반전의 묘미가 있다.

3℃의 기후 민감도는 아래의 과정을 거친다

① CO_2가 두 배 늘어 지구의 온도를 올린다(복사강제력). ② 온도가 오르면, 수증기가 는다. ③ 수증기가 늘어 온도가 더욱 오른다(피드백).

하지만, 관측한 현실은 다르다. 수증기가 거의 늘지 않았기 때문이다. 무엇이 문제일까?

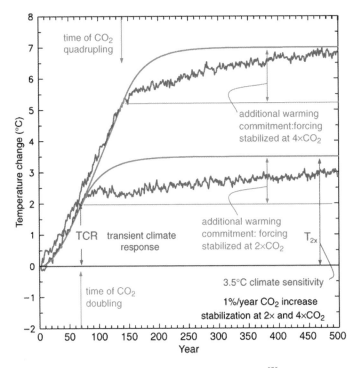

<그림 93> 잠정 반응(TCR)과 민감도(ECS), IPCC[232]

문제는, 민감도는 CO₂가 두 배가 되는 바로 그 해의 온도가 아니라는 것이다. 기후가 CO₂에 충분히 '민감'하기 위해선, 수백 년, 아니 수천 년이 걸린다.[233] 그림에서 빨간색(아래 것)은 적어도 500년이 흘러야 3℃에 접근한다.[234]

CO₂가 늘고, 온도가 올라가고, 그리고, 다시 수증기가 늘어 온도를 더욱 올리려면 수천 년이 걸린다는 얘기다. 수천 년이 걸리는 '민감도'는 우리의 관심사가 아니다. 우리는 금세기의 지구 온도를 알고 싶을

뿐이다. 기후 민감도는, 그래서, 버려도 되겠다!

3. 2100년에 2℃까지 오른다

우리 마음을 아는지, IPCC가 새로 만든 게 있다. '잠정 반응(Transient Climate Response)'이다. CO_2가 매년 1%씩 늘어나면, 70년이 지나면 두 배가 된다.[235] 잠정 반응은 두 배가 되는 시점, 즉 '70년의 온도'를 말한다. 잠정 반응(TCR)은 가상이다. 사실 CO_2는 매년 1%씩 늘지는 않는다. 현재 0.5%이다.

1850년 280ppm이던 CO_2 농도는 170년이 지난 지금 420ppm으로 50% 늘었다. 2080년은 되어야 두 배인 560ppm에 도달할 것이다. 아무튼, 두 배가 되는 해의 온도를 알아보자.

단위: ℃	Otto 외	Lewis & Curry	CMIP 5 중간값[236]
잠정 반응(TCR)	1.3	1.33	1.8

<표 17> 잠정 반응(TCS) 값

학자들이 계산한 잠정 반응의 값은 놀랍도록 낮다. 특히, 오토, 루이스·커리 등 관측을 중시하는 연구의 결과는 충격적이다. 현재 IPCC 6차 보고서는 어떤 태도일까?

단위: ℃	기후 모형	관측	창발의 제약	종합 평가
최적의 값	2.0	1.9	1.7	1.8
범위	1.3~3.1	1.3~2.7	1.1~2.3	1.2~2.4

<표 18> IPCC 6차 보고서의 TCS[237]

1.8℃이다. CO_2가 두 배 증가하더라도, 지구의 온도는 1.8℃만 올라간다. 낮다.

시나리오 2를 따르면 2100년 2.7℃ 오른다는 게 IPCC의 입장이다. 잠정 반응이 1.8℃인데, 2.7℃까지 올라간다는 근거를 찾기 힘들다. 스카페타(Nicola Scafetta)는 위성 관측과 도시의 열섬 효과 등을 볼 때, 시나리오 2를 취할 때 2100년의 온도는 2℃ 미만이라고 한다.[238]

필자는 예의 무식한 계산으로, 결론을 내겠다. 2100년에 2℃까지 오른다! 잠정 반응보다 높다. CO_2가 두 배가 되는 시간은 70년보다 더 기니까….

지구는 10년에 0.2℃씩 더워지고 있다. CO_2 배출이 늘고, 대기오염과 구름이 줄고, 도시화도 멈추지 않는 세 박자가 맞아떨어진 결과이다.

① 2040년대까지는 10년에 0.2℃씩 계속 오를 것이다

CO_2 배출은 2030년 정점에 이를 것이다. 하지만, CO_2 농도는 계속 증가한다.

2040년대까지 대기오염은 계속 줄고, 따라서 구름도 줄어든다. 이로 인한 온난화는 CO_2의 온실효과를 압도할 것이다.[239] 인구와 도시는 계속 늘 것이다. 그래서, 온난화는 계속된다.

② 2050~2080년대는 10년에 0.1℃씩 오를 것이다

2050년대부터는 CO_2 배출량이 줄어든다.[240] CO_2 농도는 줄지 않지만, 온실효과는 반감될 것이다. 2050년부터는 대기오염·먼지의 변동이 끝나, 기후에 영향이 없을 것이다. 2050년 이후 인구와 도시의 성장은 정체될 것이다. 그래서, 온난화가 약해진다.

③ 2080년대부터는 지구 온도가 오르지 않을 것이다

탄소 배출량도 감소하고, CO_2 농도도 더 늘어나지 않는다. 대기오염·먼지는 현재의 절반 이상 줄어, 영향이 거의 없다.[241] 인구가 2080년 정점에 달하여 더 이상 늘지 않는다. 그래서, 지구의 온도는 더는 오르지 않는다.

단위: ℃	2020s	2030s	2040s	2050s	2060s	2070s	2080s	2090s	2100s	합계
증가	0.2	0.2	0.2	0.1	0.1	0.1	-	-	-	2.0

<표 19> 2100년까지 온도 예측(本書)

단위: ℃	IPCC 6차(SSP 2)	IPCC AR 6 TCR	Scafetta	본서
예측	2.7	1.8	2.0	2.0

<표 20> 2100년의 온도 예측

본서의 발칙한 예측은 2080년대에, 2℃에서 온난화가 멈춘다는 것이다! 온실가스도 줄고, 대기오염도 줄어 맑은 세상이 온다. 아쉬운 건 인구와 도시의 성장도 멈춘다는 것이다. 블룸버그 TV는 최근 2060년에 인구 정점이 올 수 있다는 암울한 예측을 다룬 바 있다.[242] 성장의 동력이 떨어지지 않게, 골디락스의 지혜가 필요하다. 우리 세대에 기후변화를 종식할 수 있다! 성장의 종말도 피할 수 있다.

《참고 ③》
기후 민감도 3℃가 우여곡절이 된 까닭

필자는 예측을 믿지 않는다. 맞지 않기 때문이다. "예측이 맞으려면, 자주 하라"는 말도 있다. 워런 버핏은 주가를 예측하지 않지만, 최고의 투자가다. 하지만, 행동하려면 모종의 예측이 필요하다. 그래서, 기후 과학의 대가들이 기후가 CO_2에 얼마나 민감한지에 무모하게 도전하였다.

1896년 아레니우스(Svante Arrhenius)는 물리법칙[243]을 적용해 CO_2 농도가 두 배가 되면, 온도가 4℃ 올라간다고 계산하였다. 1963년 집채만큼 큰 컴퓨터(IBM 7030)를 받은 미 기상청의 마나베(Shukuro Manabe)는 현실의 기후를 흉내 낸 모형(General Circulation Model)을 만들었다. '기후모형'은 CO_2가 두 배가 되면, 온도가 2.36℃ 올라간다고 하였다. 그후, NASA의 제임스 핸슨(James Hansen), MIT의 쥴 챠니(Jule G. Charney) 등 기후 모형의 대가들이 나왔다.

분류	아레니우스	마나베	핸슨	챠니 보고서
민감도	4℃	2.3℃	4℃	3℃

<표 21> 초기의 기후 민감도

1979년 챠니가 이끈 「챠니 보고서」[244]는 기후 민감도의 바이블이다. 컴퓨터가 만든 가상 현실인 기후 모형을 돌려서 민감도를 도출하는 것, 값이 3℃라는 것은 강산이 네 번 바뀐 지금도 변하지 않았다.

단위: ℃	챠니 보고서	SPM 1	SPM 2	SPM 3	SPM 4	SPM 5	SPM 6
민감도	3	2.5	2		3		3
범위	1.5~4.5	1.5~4.5		1.7~4.2		1.5~4.5	2.5~4

<표 22> 역대 IPCC 요약본(SPM)의 민감도, IPCC(SPM 1·2·3·4·5·6)

하지만, 뜯어보면 IPCC의 민감도는 부침이 많았다. 3차 보고서까지는 민감도를 3℃보다 낮게 잡았다. 당시 온난화가 심하지 않았기 때문이다. 4차 때 3℃로 정착되나 했지만, 5차 때는 아예 민감도를 내지 못하고 범위(range)만 제시되었다. '관측'이 '모형'과 다른 게 드러나서, 의견이 갈렸다.

방식	기후 모형	관측	고기후	창발성	종합 평가
민감도(ECS)	3.4℃	2.5~3.5℃	3.3~3.4℃	2.4~3.3℃	3℃

<표 23> 방식별 기후 민감도와 종합 평가, IPCC[245]

그래서, 6차 보고서는 기발한 방식을 개발하였다. 종합 점수를 매기는 것이다(evidence of multiple lines).

① '관측 기록(instrumental record)', ② '고기후(paleoclimates)', 그리고 ③ 기후 모형(process understanding)을 합산하고, 평균을 낸다. 과학이 치열하게 진실을 발견하지 않고, 체조 점수 매기듯 되어버렸다.

도대체 왜 민감도는 우여곡절을 거치게 되었을까?

◆ 민감도(℃) = 복사강제력(W/㎡) + 피드백(W/㎡/℃)

· 복사강제력: CO_2, 메탄, 아산화질소, 에어로졸, 햇빛…

· 피드백: 수증기, 구름, 플랑크 반응…

민감도를 구성하는 건 복사강제력과 피드백 두 가지뿐이지만, 각각의 구성 요소가 몹시 복잡하다. 지구라는 거대한 행성, 그리고 고체의 육지와 달리 액체로 끊임없이 요동치는 바다, 기체로 더 활발히 날아다니는 공기…. 이를 모두 담아 민감도를 계산하는 건 불가능하다.

CO_2가 두 배가 될 때 복사강제력은 슈테판-볼츠만의 식(Stefan-Boltzmann law)에 따라 3.93W/㎡이다. IPCC는 피드백 변수도 계산하였다. -1.16W/㎡/℃이다.[246] 표 23에서 기후 모형의 민감도가 3.4℃가 된 연유다.[247] 문제는, 현실 기후는 모형처럼 움직이지 않는다는 게다. 인공위성이 감지기를 들이대자, 계산기를 두드리던 모두가 머쓱해졌다. 관측해 보니, 지구에 남는 열은 0.79와트(W/㎡)였다. 2.72여야 하는데. 무

엇이 문제일까?

① 관측에 의한 민감도가 에누리가 되었다

5차 보고서 때, 관측에 의한 민감도가 2℃라는 충격적인 연구가 나왔다.[248] 옥스퍼드 대학교의 알렉산더 오토(Alexander Otto)가 2℃[249], 니콜라스 루이스와 주디스 커리가 1.66℃의 민감도를 제시하였다.[250] 결국 5차 보고서는 "1.5~4.5℃"라고, 민감도의 범위만 발표하였다.

IPCC 6차 보고서는 '관측'에 따른 민감도를 '유효 민감도(effective ECS)'라는 이름으로 내었다. 역시 충격적이다. 2.5℃에 불과하니까….[251] IPCC가 묘안을 내었다. '진짜 민감도(true ECS)'를 따로 내었다. 진짜 민감도는 3.5℃이다.[252] 결국, 관측에 의한 민감도는 2.5~3.5℃가 되었다. 온도계로 재기에 세계가 너무 넓어, 유효 민감도는 온도를 과소평가하였다는 이유다. 무엇이 진짜인지 도무지 알 수 없게 되었다.

② 고기후를 보고 민감도를 알 수는 없다

타임머신을 타고 옛날 기후를 조사하여도 기후가 CO_2에 얼마나 민감한지는 알 수 없다. CO_2와 온도가 비례 관계에 있지 않기 때문이다. 예컨대, 2만 년 전 빙하기에서 간빙기로 올 때, CO_2는 고작 80ppm 늘었지만, 지구 온도는 10℃가 올랐다. CO_2와 온도가 정비례하지 않는 건, 대륙의 이동과 같은 진짜 원인이 개입되기 때문이다. 판게아로 뭉쳐진 쥐라기와 대륙이 뜯어진 지금을 비교할 수 없다.

③ 창발성은 민감도를 낼 수 없는 이유다

창발(創發, emergent)이란, 어려운 말이지만, '갑자기 솟구쳐 오르는' 것이다. 하위의 '부분'에는 없던 성질이, 상위의 '시스템'에서 갑자기 나타나는 것이다. 우리 자신이 창발이다. 탄소로 된 유기물 덩어리에 갑자기 '생명'이란 현상이 나타난다. 브라질에서 나비 한 마리가 날개를 펄럭이면, 텍사스엔 토네이도가 불어닥친다. 1972년 탄생한 로렌츠의 '나비효과(butterfly effect)'이다.

구름은 창발의 대표이다. 바람과 온도를 사전에 프로그래밍해서 넣어도 미리 알 수 없는 것, 갑자기 나타나서 햇빛을 차단해 버리는…. 구름은 괴물이다. 기후 모형의 미래 예측이 서로 다른 건 구름의 평가를 제각각 하는 탓이다.[253] '창발의 제약'은 그래도 관측을 통해 구름값을 계산해 내는 것이다.[254]

아무튼, 우리는 민감도를 버리기로 했으니, 관심이 없다.

"어느 나비가 언제 날개를 펄럭이는지는커녕, 몇 마리가 어디에 있는지도 모르기 때문에, 먼 미래에 토네이도가 얼마나 자주 불지 알 수 없다.", "나비의 펄럭임은 평온한 공기가 아니라, 격동하는 거친 공기로 퍼진다."[255] 로렌츠의 말이다. 공기는 평온하지 않기 때문에(unstable), 2주 이상의 일기예보는 의미가 없다는 로렌츠 교수의 말에 공감한다. 오늘날도 장기 예보가 없다. 수천 년 뒤 기후가 CO_2에 얼마나 민감할지는 알 수 없다.

기후 과학을 마치며

지금까지 기후변화의 '과학(science)'을 다루었다. 대단원의 막을 내린다.

원래 본서는 과학만 다루고, '처방(solution)'은 후에 따로 책을 내려하였다. 하지만, 기후변화의 종말이 온다고 떠들고, 처방을 제시하지 않으면 결론이 허공에 뜬다는 느낌이 들었다.

중간의 길이 '어정쩡한 길'이 아니고 골디락스가 되려면, 그래도 그럴듯한 처방이 있어야겠다. 같이 고민할 장이 필요하다. 그래서, 간략한 스케치로 필자의 생각을 밝히려 한다.

5부에서 뵙겠다.

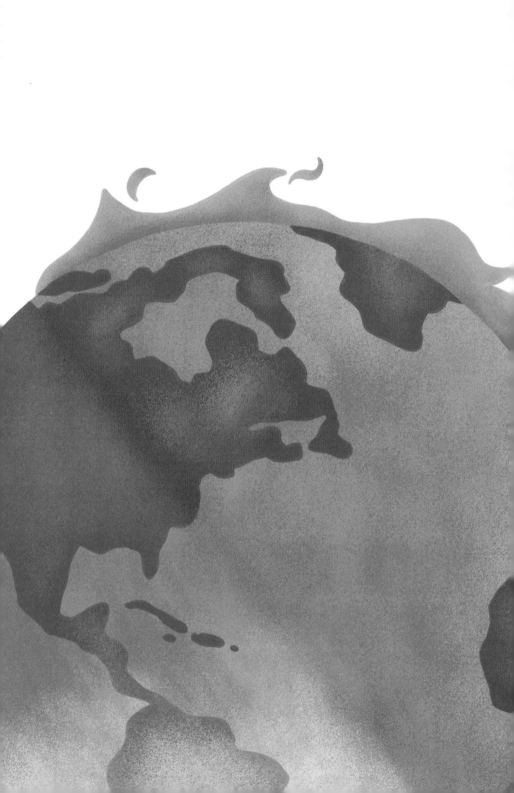

제5부
기후변화의 종말

제1장
지속 가능한 기후 처방

1. 환경을 잃어버리면, 발전은 지속 가능하지 않다

17세기 영국은 땔감으로 나무를 많이 써서 숲이 황폐해졌다. 1662년에 존 에블린(John Evelyn)은 자원 남용을 개탄하고, 나무를 심자고 하였다.[256] "나무를 심지 않고, 다 써버리면 지속 가능하지 않다." '지속 가능한 발전'의 태동이다.

아이러니하게도 나무의 남벌을 막은 건, 산업혁명이 가져온 석탄이었다. 화석연료, 즉 석탄·석유·천연가스는 현대의 풍요를 책임지는 값싸고 풍부한 에너지이다. 이들이 있어, 우리는 공장을 돌리고, 자동차를 몰고, 그리고 따뜻하고 시원한 집에서 편하게 지낸다.

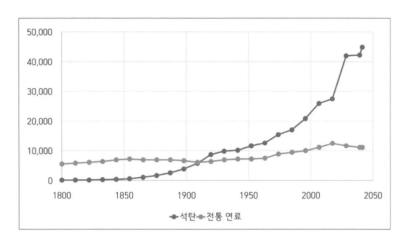

<그림 94> 석탄과 전통 연료(traditional biomass) 소비(단위: TWH), Our World in Data

하지만, 화석연료도 지속 가능하지 않다. 친환경적이지도 않다. 언
젠가 고갈되고, 대기오염과 지구 온난화를 부른다. 지속 가능한 에너
지로 바꾸어야 한다.

아쉽게도, 에너지는 급하게 바뀌지 않는다. 신재생 에너지는 화석
연료만큼 저렴하지도, 편리하지도 않다. 신재생 일변도로 가면 만성
적인 전기 부족, 전기료 폭탄, 취약한 에너지 안보를 감내하여야 한다.
가난한 나라와 사람들은 에너지 전환에 더욱 취약하다. 아직, 발전이
필요한 곳이 많다. 편한 것과 불편한 것, 어떻게 조화할 수 있을까?

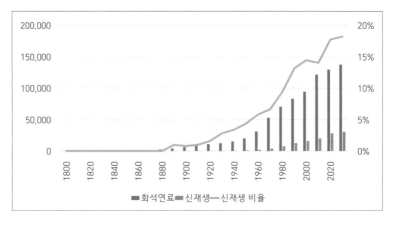

<그림 95> 화석연료와 신재생 에너지(TWH. 단위: %), Our World in Data

2. 발전이 없으면, 환경은 지속 가능하지 않다

산업혁명과 화석연료가 이룬 물질문명에 어두운 측면만 있는 건 아니다. 인류가 이룬 대부분의 진보는 이 시기에 이루어졌다.

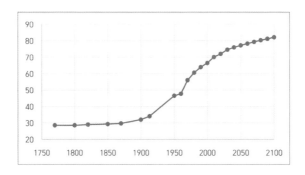

<그림 96> 기대 여명(단위: 世歲), Our World in Data/United Nations[257]

영화 <백투더퓨처 Ⅲ(Back to the Future Ⅲ)>의 배경이 된 1885년, 인류의 기대 수명은 30세가 되지 않았다. 2020년 현재는 72세이다. 계속 전진해 2100년에는 82세가 된다. 문명은 인간이 건강하고 오래 사는 환경을 만들었다.

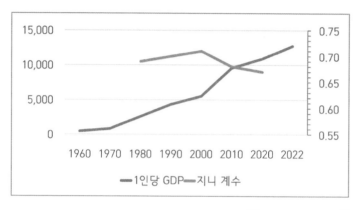

<그림 97> 1인당 GDP(좌, 단위, 불$)/지니 계수(우), WorldBank[258]/Our World in Data[259]

'지니 불평등 계수(Gini Coefficient)'는 소득의 불평등을 나타낸다. 한 사람이 모든 부를 가지면 1, 모두가 똑같은 부를 가지면 0이다. 2020년 현재 0.67이다. 여전히 소득 불균형이 심하고, 잘 개선되지 않는다. 하지만, 각자 부의 크기는 상상을 초월할 만큼 커졌다. 1960년 세계의 1인당 GDP는 456불에 불과했다. 2022년 지금은 12,744불로, 28배가 늘었다. 평등하다고 느끼는 이는 많지 않지만, 더 잘살고 있다.

<백투더퓨처 Ⅲ>에서 마이클 폭스는 리 톰슨이 따라준 물이 누런

데 놀라 입을 다물지 못한다. 1885년 풍경이다. 문명이 없으면, 환경은 지속 가능하지 않다.

<그림 98> <백투더퓨처 Ⅲ>의 장면, Allan Cockerill 재인용[260]

3. 지속 가능한 처방과 골디락스의 지혜

'지속 가능한 발전(Sustainable Development)'은 경제 말고도 '환경'과 '사회'를 같이 고려하는 것이다. 화석연료에 기반을 둔 시장경제는 찬란한 번영을 누리지만, 환경 파괴와 불공평한 사회라는 부작용도 낳았다. 시나리오 1만 지속 가능한 발전이고, 시나리오 2는 어정쩡한 발전이라는 천편일률적 도식에 찬성할 수 없다. 시나리오 2엔 골디락스의 지혜가 숨어있다.

① 환경을 위해 에너지를 바꾸어야 한다. 다만, 단계적으로 질서 있게 해야 한다.

여전히 세계는 전통 연료와 석탄에 많이 의존하고 있다. 갑작스럽게 청정에너지로 급전환하면 부작용이 많고, 그렇게 할 수도 없다. 천연가스와 같은 가교(bridge)를 적극 활용해야 한다. 에너지는 단계적으로 질서 있게 전환하여야 한다.

② 빈곤한 사회는 기후변화를 이길 수 없다. 성장이 빈곤을 퇴치하여야 한다.

세계화되고 연결된 세상에서는 다 같이 번영을 누릴 수 있다. 그러나, 분열되고 대립하는 세상에서는 성장이 사라지고, 빈곤이 기승을 부린다.

③ 기후 대책도 지속 가능하여야 한다.

국력을 줄이고, 서로 고통을 분담하자는 선한 마음은 현실에서 작동되지 않는다. 세계화와 기술 혁신을 막아서는 안 된다. 시나리오 2는 환경과 사회, 그리고 성장을 모두 고려하는 골디락스의 지혜이다. 뜨겁지도, 차갑지도 않은 '적당하게 좋은 것'….

제2장
빈곤의 종말

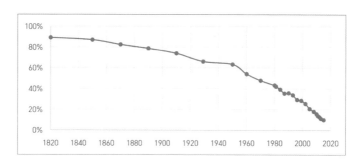

<그림 99> 절대 빈곤의 비율(단위: %), Our World in Data[261]

우리 세대에 빈곤을 끝낼 수 있다는 제프리 삭스(Jeffrey Sachs)의 『빈곤의 종말(The End of Poverty)』을 읽으며 감동하였던 기억이 있다. 그의

말대로 지금 하루 1.9달러 밑의 절대 빈곤(extreme poverty)이 물러나고 있다. 1820년 인류의 90%는 극빈층이었다. 우리도 보릿고개 시절을 기억한다. 감격스럽게도 이제 90%가 절대 빈곤을 벗어났다. 2015년 극빈층은 9.98%이다.

감동은 또 있다. 1820년 글을 읽을 줄 아는 사람은 12%에 불과하였다. 2022년 현재, 87%의 인류가 문맹에서 벗어났다.

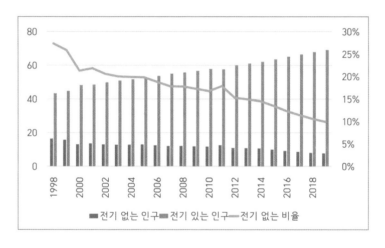

<그림 100> 전기를 쓰는 인구(단위: 억 명), Our World in Data

전깃불을 구경하지 못하는 인구도 9.9%로 떨어졌다. 바야흐로 빈곤과 무지, 그리고 암흑의 종식이 다가오고 있다. 인류사의 대사건이다. 그러나, 아직도 7억 6천만 명이 암흑 속에서 살고 있다. 에너지의 빈곤(energy poverty)은 전기에만 국한되지 않는다. 호모 에렉투스가 불을

발견한 지 백만 년이 지났지만, 아직도 비위생적·비환경적으로 불을
피우는 이들이 많다.

2. 에너지 빈곤의 탈출

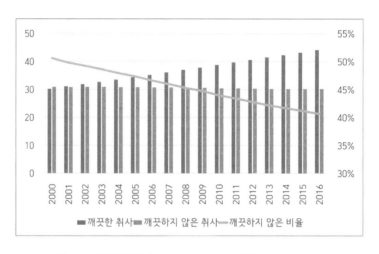

<그림 101> 깨끗한 취사 인구(단위: 억 명) 및 미달 비율, Our World in Data

놀랍게도 2016년 현재 40%인 30억 인구가 '청결한 부엌(clean cook-
ing)이 없다. 불결한 고체 연료(solid fuel)를 쓴다. 나무·짚단·가축 배설
물·석탄 따위다. 태우면 검댕, 즉 블랙 카본이 나온다.

열악한 부엌에서 피어오르는 검은 연기는 부녀자들의 건강을 해치
고, 히말라야와 알프스, 그리고 킬리만자로의 만년설을 녹인다. 멀리

퍼져서, 그린란드와 북극의 빙하도 녹인다. 하늘을 덮는 갈색 연기는 스모그가 되어 햇빛을 막는다. 이들이 기온을 올리는지 내리는지 아직 논란이지만, 분명한 것이 있다. 블랙 카본은 문명인의 부엌에서 영원히 퇴출하여야 한다.

연도	1990	2000	2010	2020	2030
깨끗한 취사	50.4%	50.1%	58.3%	70.3%	78%

<표 24> Clean Cooking 전망, IEA(Stated Policies Scenario)[262]

현실은 녹록하지 않다. UN은 "2030년까지 저렴하고, 신뢰할 수 있는 현대적 에너지에 접근"하는 것을 목표로 정했지만[263], 세계 에너지기구(IEA)는 2030년에도 78%의 인구만 깨끗한 연료를 쓸 것으로 본다.

<그림 102> 깨끗하지 않은 취사(좌)와 조금 나은 취사(우), ECPA[264]

그림 오른쪽처럼 40달러짜리 '쿡 스토브(cooking stove)'만 써도 연기

를 대폭 줄일 수 있다. 소요되는 장작의 양도 반 이상 줄어든다. CD-M(Clean Development Mechanism)과 같이, 선진국이 후진국의 에너지 전환을 도와주고, 대신 절감된 탄소 배출을 UN으로부터 실적으로 인정받는 제도가 있다. 쿡 스토브 보급은 CDM의 단골 메뉴다. 2018년 세계적으로 1.3억 불이 쿡 스토브 보급에 쓰였다. 세계은행에는 5억 불 규모의 전용 펀드(Clean Cooking Fund)가 있다.[265] 그러나, 모든 이들이 쿡 스토브의 혜택을 받으려면 매년 1,500억 불이 필요하다.[266] 턱없이 부족하다.

근본적으로, 쿡 스토브만 보급하면 에너지 빈곤이 해결될까? '현대적 에너지(modern energy)'는 액체인 석유, 기체인 천연가스, 그리고 눈에 보이지 않는 전기다. 깨끗한 난로로 나무·연탄을 계속 때는 건 근본 대책이 아니다. 가스레인지, 전기 인덕션을 쓰는 '문명의 삶'이 필요하다.

에너지 빈곤 탈출의 생생한 목격자는 바로 우리다. 구들장 윗목에서 떨다가 지역난방이 된 아파트에서 티셔츠만 입고 산다. 우리는 어떻게 빈곤의 사슬을 끊었나?

3. 주거 혁명

'86 아세안 게임'과 '88 올림픽'이 열리던 때, 사람들은 주로 연탄으로 난방과 조리를 하였다. 1986년 가정의 에너지 중 석탄의 비율은

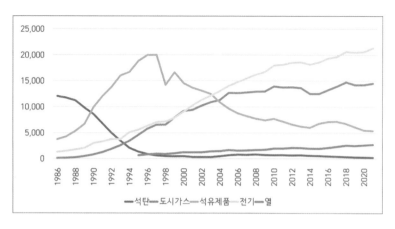

<그림 103> 한국 가정의 에너지(단위: toe), 산업부 에너지 통계 연보(2022/2000)

무려 65%였다. 사실 한국 전쟁 직후까지 우리의 난방을 책임지던 녀석은 나무 장작이었다. 도시로 몰려든 사람들이 산을 밀고 판자촌을 짓자, 금방 민둥산이 되었다. 농촌에서 장작을 수입하자, 시골의 산도 민둥산이 되었다. 급기야 1958년 정부는 도시의 장작 수입을 금지하였다. 조선일보는 당시의 사정을 이렇게 전한다.

"무연탄 사용이 거의 완전히 보급되었고, 피난 중에 부산에서도 퍼져나갔다. 구멍탄의 사용으로 24시간 불이 끊이지 않고, 동절(冬節)에도 차갑기로 유명한 '서울 방(房)'의 오명도 씻어지게 되었다. 장작처럼 자리를 차지하지 않고, 부엌이 그을지 않고, 항시 불을 사용할 수 있으며 화재의 염려가 적고, 2층 3층에도 온돌을 장치케 할 수 있어서 개인 가정에 실로 생활 혁명이라고 할 만한 전환을 초래했을 뿐만 아니라, 국가 경제상으로는 전래의 고질인 산림 피폐를 방지하는 데 획기적인

효과를 가져왔었다."²⁶⁷

그러나, '혁명'이라던 연탄도 생활 수준이 올라가자, 눈높이에 맞지 않게 되었다. 부엌·화장실·욕실이 집 안에 쏙 들어가 있는 아파트가 나오자, 여인의 마음을 사로잡았다. 다음은 동아일보 대담에서 여성 정치인 박순천과 장모님의 애독 여류 시인 모윤숙이 나눈 대화다.

"…시집에 가서 그 부엌을 보면 기가 막혀요. … 그러니 전체의 가정 부엌을 개량하는 것은 정부에서 정책적인 면에서 어떤 '아파트멘트'를 만들어서 부부생활을 시킨다든가 또는 자녀 교육을 시킨다든지…(모윤숙)." "애국이다 애족이다 고함을 치지 말고 행위로서 부엌 하나라도 고치란 말이에요. 여편네는 암소나 종이 아니에요. … 아내의 부엌 구조부터 어떻게 해 주고 아내를 중노동으로부터 해방해 주어야 될 것입니다(박순천)."²⁶⁸

이들의 꿈은 1980년대 말 주택 200만 호와 1기 신도시 건설로 아파트가 대량 보급되면서 실현되었다. 주부가 가사 노동에서 해방되었다. 추운 밤 아궁이에 연탄을 갈러 나갈 필요 없이, 집 안의 보일러가 척척 알아서 방을 데웠다. 처음엔 기름보일러가 대세였다. 1991년 최초로 석유가 연탄을 제치고 가정용 연료 1위로 등극하였다. 그러나, 이내 더 편리한 도시가스가 아파트를 점령하였다. 배관을 타고 저절로 오는 가스는 난방과 조리를 한 번에 해결하였다. 가스는 2005년 1위로 등극한 후, 가정 연료에서 부동의 황제 자리를 지키고 있다.

물론, 가스보다 더 귀한 대접을 받는 건 전기다. 부채나 선풍기로 무더운 여름을 온몸으로 이기던 우리에게 에어컨은 문명의 선물이었다. 1960년대 말, 신축 정부중앙청사에 들어오는 에어컨에 대한 조선일보 '만물상'의 곱지 않은 시각을 읽어보자.

　"세종로에 13층의 매머드 빌딩이 들어설 것이라고 한다. 정부의 종합청사로 쓰리라 하는데 … 내부 시설도 에어컨에 알루미늄 새시의 모던 스타일, 3백 대의 자동차가 들어설 수 있는 주차장까지 설치한다니…. 서울 근교의 판잣집들은 대체 어떻게 하고 매머드 빌딩만 지으려는 것일까? 우리 실정으로 보면 매머드 관청보다도 매머드 아파트나 하늘에 둘도 없는 3부제 국민학교의 쓰라림을 덜기 위한 매머드 국민학교가 아닌가 싶다."[269] '만물상'이 그리던 에어컨 실외가 달린 매머드 아파트도 1980년대에 실현되었다. 냉방의 전기, 난방의 도시가스는 가정 연료의 양 축이 되었다. 주거 혁명이 몰고 온 기적이다.

　우리나라 온실가스 배출량은 매년 늘지만, 에너지를 개혁한 '건물' 부문은 배출량이 줄고 있다. 1990년 6,700만 톤에서, 2021년 4,700만 톤에 불과하다. 같은 기간, 국가 전체 배출량은 2.9억 톤에서 6.8억 톤으로 늘었다. 연탄이 전기와 가스로 대체된 덕분이다.

　우리가 장작과 연탄에서 벗어나 친환경 연료로 도약할 수 있었던 것은 아파트로 상징되는 주거생활의 혁신 덕이다. 그리고, 대량의 주택 공급을 뒷받침한 것은 한강의 기적으로 불리는 눈부신 경제 성장이다. 단순히 쿡 스토브 보급이 에너지 빈곤을 해결하는 길이 아니다. 경제 발전의 기적이 주거의 혁명을 가지고 와야 한다.

성장은 빈곤을 해결하고, 환경을 개선한다.

4. 남의 선의는 얼마 되지 않는다

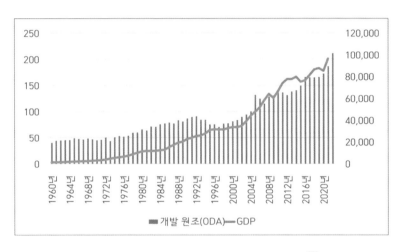

<그림 104> 세계 ODA(좌)와 GDP(우)(단위: 십억 불), OECD[270]

2차 대전으로 초토화된 유럽을 지원하였던 미국의 마셜 플랜(Marshall Plan) 이후, 개발도상국을 지원하는 개발 원조(official development aid)는 꽤 성장하였다. 1960년 400억 불이, 2022년 현재 2,113억 불이니 말이다. 그러나, 생각보다 작다. 2024년 1월 환율로 282조 원이다. 세

계 전체 ODA가 2024년도 우리나라 예산 656조 원의 절반에도 미치지 못한다.

세계 GDP는 1960년 1.4조 불에서 2021년 96조 불로 69배 올랐는데, 개발 원조는 고작 5배 올랐다. GDP 대비 비율이 1960년 2.9%에서 지금은 0.2%이다. 인심이 박해졌다.

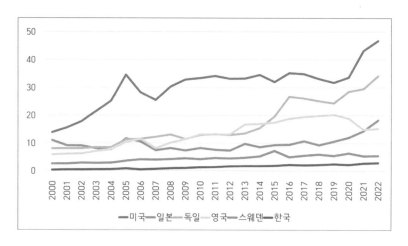

<그림 105> 국가별 ODA 규모(단위: 십억 불), OECD

미국은 세계 원조의 1/4을 대고 있지만, 2022년 ODA 기여 515억 불은 2023 회계연도 연방 지출 6조 불[271]의 0.8%에 불과하다. GDP 세계 3위 자리를 놓고 독일과 경쟁하는 일본이지만, 개발 원조를 놓고는 그럴 마음이 없는 것 같다. 독일을 앞서다가, 지금은 그 절반이다.

일본은 그래도 나은 편이다. 우리나라는 GDP가 스웨덴의 3배이지

만, 원조는 절반에 불과하다. 스웨덴이 너무 후한지도 모르겠다. 이해
되는 측면도 있다. 656조 원의 예산을 가진 우리나라가 고작 32억 불
(한화 약 4.3조 원)을 ODA로 내느냐 하지만, 대중교통인 철도의 예산이 8
조 원, 저소득층에게 주는 주거 급여가 2.7조 원에 불과하다. 우리나라
에 써야 할 돈도 많다.

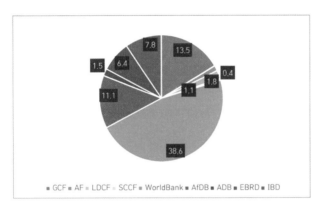

<그림 106> 글로벌 기후 펀드(단위 십억 불), 개별 취합(박재순)

개별 나라에 선의를 구하기보다, 기후변화 대응을 위해 태어난 국
제기구나 다자개발은행(multilateral development bank)에 기대는 건 어떨까?
기후 펀드를 다 모아 보았다. 모두 합쳐 822억 불 규모다. 세계 최대
투자 기업인 블랙록(Black Rock)의 자산이 9조 불이니, 기후 펀드를 다
합쳐도 일개 사설 펀드의 0.9%에 불과하다.

남의 선의는 금액이 얼마 되지 않고, 돈을 버는 사설 펀드에는 상상

을 초월하는 돈이 흘러 들어간다. 시장의 냉혹한 생리다.

5. ESG는 구원투수가 아니다

ESG는 환경(Environmental issues), 사회(Social issues) 및 지배 구조(corporate Governance)를 중시하는 기업에 투자하는 것을 말한다. 기업이 착한 경영을 하는지 감시하여 공시하고, 투자자는 착한 기업에 투자한다. 이윤만 추구하고 환경과 사회를 무시하는 기업은 퇴출하자는 것이다.

ESG는 요사이 기업들의 초관심 사항이 되었다. 자칫하면 배기가스를 조작하다 걸린 폭스바겐처럼, 기후 악당으로 낙인찍힌다. 재미있는 건, 일반 투자자의 관심이 없다는 게다. 이유가 있다. ESG 펀드가 일반 펀드와 차이가 없기 때문이다.

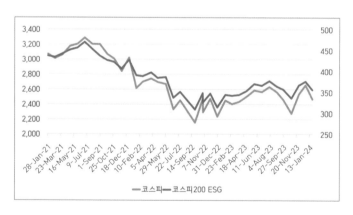

<그림 107> 최근 3년간 「코스피」(좌)와 「코스피200 ESG 지수」(우), 한국거래소

ESG 펀드가 추종하는 대표 지수인 '코스피200 ESG 지수'를 보자. 종합주가지수(KOSPI)와 거의 차이가 없다. 삼성전자와 같은 대형주들이 들어있기 때문이다. 삼성전자를 넣으면 코스피와 흐름이 같다. ESG의 특색이 사라진 이유다.

과거에 일론 머스크(Elon Musk)가 테슬라의 ESG 점수가 셸(Shell)보다 낮다고 불평한 적이 있다.[272] 전기차를 보급해 탄소 감축을 이끄는 테슬라(TESLA)가 어떻게 화석연료를 파는 석유기업보다 ESG가 더 낮을까? 머스크도, 필자도 몰랐던 게 있다. ESG는 기업이 온실가스를 얼마나 감축하는가를 보는 게 아니라는 것이다.

평가 기관인 한국ESG기준원의 말을 들어보자. "ESG 등급은 자본 시장 참여자들이 상장회사의 ESG와 관련한 발생 가능 위험 수준을 보다 직관적으로 파악하게 하고…."[273] 그렇다. ESG는 온실가스를 배출하는 나쁜 기업인지, 감축하는 좋은 기업인지 묻지 않는다. 폭스바겐처럼 '기후변화 이슈'에 휘말리지 않게, 리스크 관리를 잘하는지를 보는 것이다. 기후변화 부서를 만들고, 장밋빛 계획을 세우고, 무엇보다 평가 기관의 '피드백'에 잘 응해야 한다.[274]

2021년 테슬라는 평가에 무관심했으니, 점수가 좋을 리 없었다. 지금도 평가 기관(Sustainalytics)에 의하면, 테슬라는 25.3의 ESG 위험(risk)이 있다. 15,941개 기업 중 8,084위다.[275] 우리 경우에도, ESG를 전담하는 조직과 인력을 갖춘 대기업들이 A+에 잔뜩 포진하고 있다. 한국

ESG기준원의 「2023 ESG 우수기업」을 보면[276], POSCO, S-Oil, SK이노베이션/가스/케미칼, 롯데정밀화학 등 화석연료를 많이 배출하는 철강·화학·정유기업들이 최우수인 'A⁺'에 있다. 반면, D 등급에는 작은 기업들이 모여 있다.

행동 변화를 유도하지 못하는 형식적 평가는 무용하다. ESG는 세상을 바꾸지 못한다. 보여주기식 관행은 기업의 '거짓 녹색(green-washing)'과 투자자의 무관심을 부른다.

6. 세계화, 골디락스의 현명한 지혜

미소 냉전의 해소가 가져온 세계화의 혜택은 전대미문이었다. 돈과 물자가 국경을 넘어 흐르고, 빈한한 오지에도 공장이 섰다. '빈곤의 종말'이 실현되고 있다.

세계화는 21세기 최고 발명품이다. 경제는 성장하고, 저금리로 돈은 풀리고, 그래도 물가는 안정되었다. 골디락스의 황금시대다. 하지만, 지금 반세계화의 역풍이 거세다. 지역·국가는 반목하고 다툰다. 공장과 일자리를 뺏긴 선진국은 빗장을 걸고, 개발도상국은 발전할 기회를 잃고 있다. 그래서, 경제는 나쁘고, 고금리로 돈은 귀해지고, 치솟는 건 물가뿐이다.

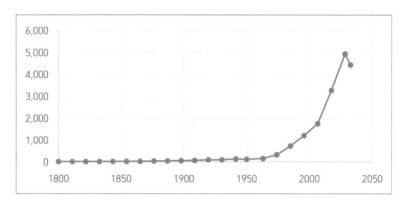

<그림 108> 세계의 수출(2013년 대비 %), Our World in Data[277]

　자유무역과 시장경제는 인류를 궁핍에서 해방하였다. 1913년 대비 수출액은 1950년 150%에서 2014년 4,400%로 솟구쳤다. 세계화는 남의 선의보다 많은 혜택을 준다. 원조를 확대하는 것도 중요한 일이다. 하지만, 더욱 중요한 건 세계화를 복원하는 것이다.

　"절대 빈곤을 포함한 모든 형태와 차원의 가난을 뿌리 뽑는 건 가장 큰 전 지구적 도전이고, 지속 가능한 발전을 위한 불가결의 전제이다."[278] UN의 말이다. 개발 원조의 목표액을 세계 총소득(Gross National Income)의 0.7%까지 늘리겠다고 한다.[279] 그러나, UN 결의를 한 2015년 이후 7년이나 지났지만, 여전히 0.2%다. 국제공동체의 선의가 활활 타오르기를 바라기는 어려울 듯하다.

　"국제 무역은 포용적 경제 성장, 빈곤 타파, 그리고 지속 가능한 발전의 엔진이다."[280] 역시 UN의 말이다. 세계화와 국제 무역이 답이다.

제3장
에너지의 무질서한 전환

1. 불편한 규제로 세상을 구할 수 없다

공직 생활에서 느낀 게 있다. 세상은 당국 뜻대로 바뀌지 않는다. 선의(善意)로 치장한 규제가 별무신통인 까닭이다. 화석연료를 비싸고 불편하게 하여 덜 쓰게 만드는 정책도 그렇다. 편리를 추구하는 인간 본성을 거스르지 못한다.

죄악세(sin tax)라는 게 있다. 술·담배·도박 등 죄악에는 고율의 세금을 물려 자제하게 만든다. 2014년 2,500원 하던 담뱃값이 4,500원이라는 충격적 값으로 올랐다. 담배 1갑에는 무려 3,394원의 세금과 부담금이 붙는다. 1,250원 소주 1병에는 650원의 세금이 붙는다. 하지만, 국내 애연가의 담배 집착은 줄어들지 않는다. 판매량은 3억 갑 언저리에서 변하지 않는다.[281] 국방대를 다니면서 비로소 금연을 한 필자도 반성하고 있다. 술 소비도 조금씩 줄지만[282], 여전히 알코올이 필요한 사람들이 많다.

화석연료를 죄악세와 같이 취급하는 건 현명한 처사가 아니다. 석탄으로는 전기를 만들고, 석유로는 자동차를 운행하기 때문이다. 생활의 필수품이다. 술·담배 같은 기호식품도 절제시키기 힘든 마당에, 국가의 에너지 안보를 좌우하는 에너지 전환에 대한 현명한 방법이 없을까?

물론, 골디락스 시나리오가 있다. 그 전에, 효과가 없는 불편한 규제를 하나씩 보겠다.

2. 탄소에 세금 물리기

'탄소 가격제(carbon pricing)'가 있다. 탄소를 배출하려면 값을 내게 하는 게다. 탄소에 세금을 물리는 '탄소세(carbon tax)'가 대표이다. 언뜻 좋은 아이디어다. 세금을 매기면 탄소를 적게 배출할 것 아닌가?

청정에너지는 비싸다. 빌 게이츠는 이를 '녹색 프리미엄(Green Premium)'이라 부른다.[283] 녹색 프리미엄은 에너지 전환의 적이다. 녹색 프리미엄을 없애는 방법은 두 가지다. 깨끗한 에너지를 싸게 하는 것, 또 하나는 더러운 에너지를 비싸게 하는 것이다.[284] 탄소 가격제는 후자의 방법이다. 그리고, 손쉬운 방법이다. 깨끗한 에너지를 싸게 하는 건 쉽지 않은 일이니….

그러나, 탄소에 세금을 매기는 게 쉬운 일일까? 실상 유럽 외에는 선뜻 나서지 않는다. 미국도, 우리나라도 머뭇거린다. 왜일까? 이미 우리가 다른 명목으로 세금을 왕창 내고 있기 때문이다. 대표적인 게 자동차이다. 한국에서 차를 모는 것은 엄청난 비용이 든다. 신차를 뽑을 때 높은 세율의 개별소비세, 취득세를 물어야 한다. 차를 몰 때도 매년 두 차례 자동차세를 뜯는다. 거기에 보험료도 내야 하니, 자동차를 사는 해에는 찻값 외에도 수백만 원이 깨진다. 그뿐이 아니다. 기름을 넣을 때도 가공할 만한 수준의 유류세가 붙는다. 휘발유 1리터 1,550원의 제품가는 663원밖에 되지 않는다.[285] 나머지 887원은 교통·에너지·환경세와 같은 세금이다. 57%가 세금이다.

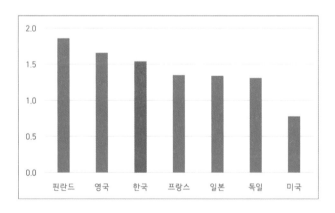

<그림 109> 고급휘발유 1ℓ 가격(단위: 불$), 통계청 국가통계포털(kosis.or.kr)

우리나라 기름값은 미국보다 2배나 비싸고, 탄소세를 도입한 유럽과 어깨를 나란히 한다. 자동차와 석유는 사치품처럼 취급되어 고율의 세금을 물고 있다. 자동차가 아파트보다 세금이 많다는 소리가 나온다. 여기에 탄소세라는 신세(新稅)를 물린다면, 사람들이 과연 받아들일까?

1994년에 교통세를 도입하였다. 기름에 세금을 물리면 사람들이 차를 덜 몰게 되어 좋고, 거둔 세금으로 도로를 건설해 교통난을 해소하니 또 좋다는 게다. 그러했을까? 자동차가 줄기는커녕 1990년 339만 대에서 2022년 2,550만 대로 7.5배 폭증하였다. 12.6명당 1대에서 2명당 1대가 되었다. 교통세로 지은 고속도로가 사방팔방 뚫리자, '마이카(My Car)' 붐이 불었다. '나 홀로 차'로 통근하는 필자 같은 이가 느니, 대도시 교통난은 도리어 나빠졌다.

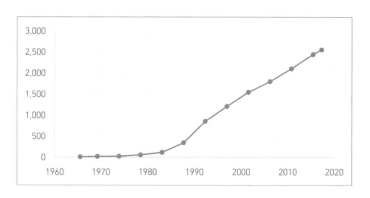

<그림 110> 한국의 자동차 등록 대수(단위: 만 대), 국토교통부

1990년 탄소세란 거창한 이름으로 출발한 핀란드와 유럽은 다를

까? 다르지 않다. 핀란드 자동차 수는 1990년 194만 대에서 2021년
367만 대로 두 배가 올랐다. 2.6명당 1대에서 1.5명당 1대가 되었다. 영
국도 2000년 2,840만 대에서 2024년 3,920만 대로 늘었다.

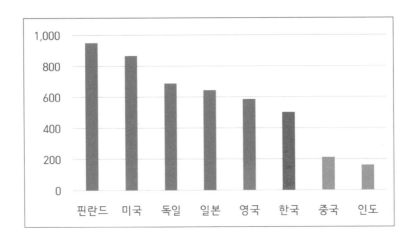

<그림 111> 인구 천 명당 자동차 대수, Our World in Data. WHO

놀랍게도 탄소세에 앞장을 서고 있는 유럽의 사람들이 자동차를
많이 몬다. 핀란드는 '자동차와 사랑에 빠진 나라(car love)' 미국을 능가
한다.

화석연료의 세금을 올리는 건 현실적으로도 어렵다. 세금을 올리
면 가장 큰 타격을 받는 건 서민층이기 때문이다. 탄소세는 역진적(ret-
rogressive)이다. 2018년 프랑스를 뒤흔든 '노란 조끼 항의(Yellow Vests pro-
tests)'도 디젤에 붙는 세금 때문이었다. 우리나라도 경기 침체로 2018

년부터 무려 5년간이나 자동차 개별소비세를 감면하였고, 유류세 할인은 3년이 지나도 끝날 줄을 모른다. 있는 세금도 감면해 주는 마당에, 새로 탄소세를 부과하는 건 터무니없다. 도입한다고 해도, 거짓 녹색(green-washing)으로 시늉만 할 것이다.

3. 전기 요금 올리기

우리나라는 전기가 싸다고 한다. 과연 그럴까?

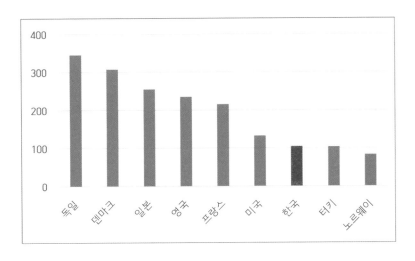

<그림 112> 2021년 각국의 전기 요금(단위: 불$/MWh), 통계청 국가통계포털

압도적이다. OECD 국가 중 우리보다 싼 곳은 터키와 노르웨이 정

도이다. 국제사회를 따라가지 못하는 건 부끄러운 일이지만, 전기료 꼴찌는 기분이 썩 나쁘지는 않다. 1등을 한 독일이 부럽지 않다. 독일은 우리의 3배다.

우리나라에는 숨은 5대 복지가 있다. 의료 복지, 물 복지, 교통 복지, 주거 복지, 그리고 에너지 복지이다. 필자가 미국 유학서 홈스테이를 할 때, 안주인이 하루에 언제 샤워하느냐 물었던 기억이 난다. 전기와 물이 비싸니, 손님도 하루에 한 번만 샤워해야 한다. 가벼운 병은 진료비가 무서워 병원에 가지 않는다. 우리는 에어컨을 빵빵하게 튼 전철을 타고, 병원 문턱이 닳도록 의사에게 가고, 하루에 몇 번이고 편하게 샤워할 수 있다. 진짜 복지국가다.

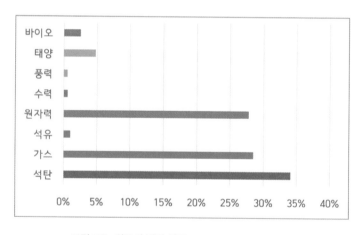

<그림 113> 한국의 발전 연료(2022년), Our World in Data

우리나라 전기가 싼 건 석탄처럼 저렴한 화석연료로 전기를 만들기

때문이다. 청정 연료이면서도 저렴한 원자력도 일조한다. 태양광·풍력
은 6%에 불과하다.

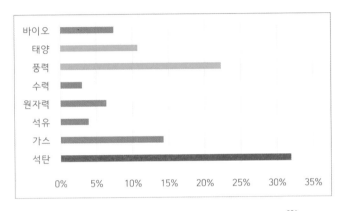

<그림 114> 독일의 발전 연료(2022년), Our World in Data[286]

전기료 일등 독일은 어떨까? 아직 석탄을 많이 쓰지만, 풍력과 태양
광이 급성장하여 33%나 된다. 옛날엔 값싼 원자력도 썼지만, 후쿠시
마 사고 후 탈원전하여 신재생으로 대거 바꾸었다. 기본적으로 비싼 연
료가 많다. 풍력·태양광은 단가가 떨어져 요즘엔 오히려 화석연료보다
저렴하다고 한다. 그러나, 현실은 다르다. 흐리고 바람이 멎으면 발전
을 할 수 없고, 예비의 전력을 두어야 해 결국 비용이 늘어나게 된다.

전기는 에너지의 왕이다. 필자는 학창 시절 도서관을 환하게 비추
던 형광등 불빛을 지금도 잊을 수 없다. 어머니의 뒷바라지로 공부하

는 각박한 현실 속에서도, 밝은 미래처럼 환하게 비치던 그 빛…. "밝은 불빛이 있는 그곳에서는 모든 어려움과 시름을 잊을 수 있어"[287] 명곡 <Down Town>을 지은 영국의 여가수 페툴라 클라크(Petula Clark)도 비슷한 심정이었나 보다. 다운타운의 휘황찬란한 네온사인은 가슴을 뛰게 한다. 도시의 매력이다. 지난 에너지 위기 때 불 꺼진 함부르크 시청의 모습은 싫다.

녹색 전환을 해야 하는데, 전기 요금 따위를 들먹이냐고 할 수 있겠다. 이것저것 재지 않고, 그냥 '쿨하게' 녹색(Greening)으로 가면, 어떻게 될까?

4. 에너지를 급하게 바꾸면 생기는 일

녹색 모범국 덴마크이다. 1990년 덴마크 전력의 90%는 석탄이었다. 땅이 평평해 수력이 없는 나라, 원자력은 위험해 쓰지 않는 나라가 선택한 건 풍력이었다. 그리고, 반전이 일어났다. 30년 만에 녹색의 물결이 되었다. 석탄은 11%로 줄었고, 풍력·태양광은 2%에서 61%로 늘었다. 바이오를 합치면 84%가 신재생이다. 기름 한 방울 나지 않는 우리나라는 매년 에너지의 95%를 수입하고, 2021년 한 해만 1,359억 불, 즉 179조 원의 외화를 썼다. 반면, 1970년대 석유 파동으로 타격을

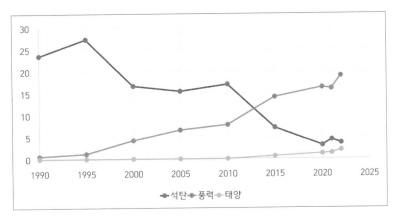

<그림 115> 덴마크의 발전 연료(단위: TWh), Our World in Data

입었던 덴마크는 이제 풍력으로 에너지 자립을 이루고 있다. 풍력 기업인 베스타스(Vestas)는 매출액이 160억 유로, 원화로 환산하면 22조 원에 이르는 세계적인 대기업이 되었다.

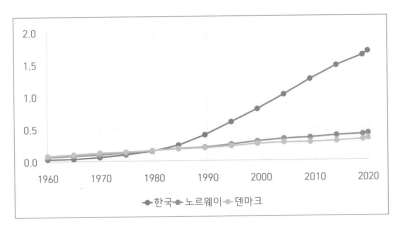

<그림 116> 국가별 GDP(단위: 조 불$), Our World in Data

우리도 덴마크의 모델을 따라야 할까? 글쎄다. 덴마크는 비슷한 인구의 노르웨이보다 훨씬 적은 전기를 사용한다. 우리나라의 전기 생산은 1985년 덴마크의 26%였지만, 지금은 2배다. 덴마크는 끊임없이 에너지 절약 캠페인을 벌이지만 전기가 부족하다. 에너지 위기가 있던 2021년 119페타줄(PJ)의 전기를 생산했지만, 17페타줄을 노르웨이 등으로부터 수입해야 했다.[288]

1960년 덴마크의 GDP는 830억 불로 노르웨이(680억 불)보다 높았다. 한국은 250억 불로 덴마크의 1/3밖에 되지 않았다. 2021년 현재 순위는 반대다. 한국이 1조 7천억 불, 노르웨이 4,200억 불, 그리고 덴마크는 3,400억 불이다. 베스타스는 덴마크에선 매출 6위의 큰 기업이지만, 한국에 온다면 39위에 불과하다. 삼성전자의 7%, 한국전력의 31%밖에 되지 않는다.

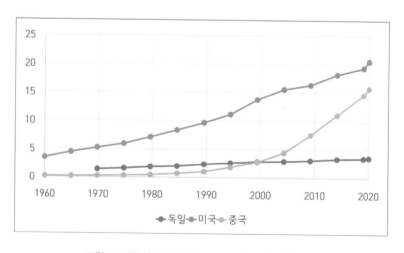

<그림 117> 獨·美·中의 GDP(단위 조 불$), Our World in Data

미·중과 독일 등 유럽의 경제 성장 격차는 갈수록 벌어지고 있다. 꼭 에너지 전환 때문이라고만 할 수는 없지만, 유럽의 경직된 경제를 초래한 최대 원인이다. 규제와 장벽으로 가득 찬 곳에서는, 혁신이 탄생하지 않는다.

5. 탄소를 내뿜으려면, 사서 해라

탄소 가격제 중 탄소세는 국민에게 세금을 물린다. 반면, '배출권 거래(emissions trading system)', ETS는 기업이 대상이다. 기업이 탄소를 배출하려면, 값을 치르고 배출권을 사야 한다.

배출권 거래는 배출 허용량의 모자를 씌우고, 그걸 초과하면 탄소를 사게 한다(Cap and Trade). 할당받은 허용량을 넘어서 탄소를 내뿜는 기업은 초과한 배출량을 시장에서 돈을 주고 사야 한다. 반면, 할당받은 양보다 더 작게 탄소를 배출한 기업은 아낀 탄소를 시장에 내다 팔수 있다. 이러면, 기업은 기를 쓰고 탄소를 줄이려 할 것이다. 개념만 놓고 보면, 산업 분야 탄소를 줄이는 특효약이다. 현실도 그럴까?

2005년 세계 최초로 배출권 거래제를 도입한 EU는 효과를 보고 있다. 1980년 41억, 2005년 37억, 2022년 28억 톤으로 탄소 배출량이 대폭 줄었다.

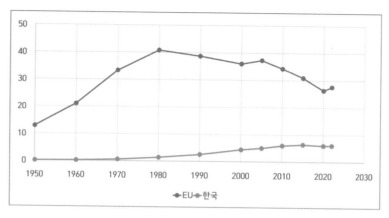

<그림 118> 한국/EU의 CO_2 배출량(단위: 억 톤), Our World in Data[289]

한국도 배출권 거래제를 도입한 2015년 이후 탄소 배출량이 늘지는 않고 있다. 문제는, 줄지도 않는다는 게다. 코로나가 있었는데도⋯. 2008년 ETS를 도입한 뉴질랜드도 효과가 미지근한 건 마찬가지다.

왜 EU 외에 나머지는 미지근할까? 느슨하게 운영하기 때문이다.

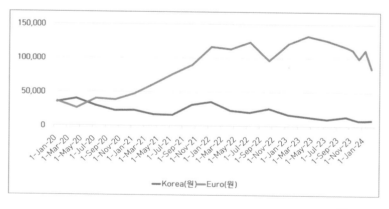

<그림 119> CO_2 톤당 가격(단위: 원), Ember Climate, Sandbag, 한국거래소[290]

EU 탄소 가격(EU-ETS)은 2020년 말부터 치솟아 한때 13만 원이 넘었다. 지금은 8만 5천 원이다. 반면, 한국의 탄소는 9,100원에 그친다. 차이가 무얼까?

배급되는 허용량은 관대하기 마련이다. 감독 기관은 업계 사정을 잘 모른다. 허용량보다 적게 배출하면, 시장에 배출권을 내다 팔아 횡재를 만난다. 포스코와 삼성전자가 되려 돈을 벌었다는 기사가 실린 까닭이다.[291] 횡재를 막으려면, 배급할 때 아예 값을 받고 주면 된다. 그러나, 유상 할당은 기업에 고통스럽다. 돈을 내지 않고 내뿜던 탄소를, 돈을 주고 사야 한다.

우리나라는 대부분 할당이 공짜다. 유상 할당은 10%도 되지 않는다. 산업계 편의를 봐준 것이다. 이러니 시장에는 배출권을 사려는 기업은 없고, 여분을 팔려는 기업만 넘친다. 탄소 가격이 폭락한 까닭이다. 반면, EU는 유상 할당이 절반이 넘고, 2026년부터는 아예 무상 할당을 없앨 예정이다. 봐주는 건 없다는 태도이다. 탄소 가격이 폭등한 까닭이다.

이렇게 되니, 유럽의 기업만 손해를 보게 되었다. 탄소 가격은 결국 소비자에게 전가된다. 그래서, 유럽은 나머지 세계를 향해 선전포고하게 되었다.

6. 국경을 넘으려면, 탄소값을 내라

2026년부터, EU에서 할당을 공짜로 받는 무상 할당(free allowance)
이 폐지된다. 문제는 EU 역내만 적용된다는 것이다. 다른 나라는 상관
이 없다. 아니, 상관이 있어야 한다. 그렇지 않으면, 탄소 가격이 싼 곳
을 찾아 EU 기업들이 역외로 썰물처럼 빠져나갈 것이다. '탄소 누출
(carbon leakage)'이라고 한다. EU가 선택한 방법은 직설적이다. "너도 탄
소 가격을 내라"…. 2026년부터 EU로 수출하려면, EU 기업만큼 탄소
값을 내야 한다. '탄소 국경 조정제도(Carbon Border Adjustment Mechanism)'
이다. 사실상 관세다.

EU처럼 유상 할당으로 바꾸면 국내 탄소 가격이 EU만큼 올라간다.
탄소 가격을 확 올리면 EU 시장에서는 힘을 얻겠지만, 다른 곳에서는
가격 경쟁력을 잃는다. 중국 등 경쟁자에게 당한다. 무역의 세계는 냉
정한 곳이다.

CBAM으로 유럽은 이득을 볼까? 아니다. 결국, 철강 가격이 올라
가지 않는가. 유럽의 소비자들은 비싼 가격을 주고 철강을 사야 한다.
철강의 소비자는 제조 업체들이다. 자동차, 건설, 조선 등…. 독일 자동
차는 유럽에 얼마 남지 않은 경쟁력 있는 산업이다. 탄소 국경은 인플
레를 유발하고, 비용을 증가시켜 유럽 제조업의 수출 경쟁력을 떨어뜨
릴 것이다.[292] 못 견뎌 공장을 옮기면 우려했던 탄소 누출이 생긴다.

CBAM은 세계의 행동 변화도 일으키지 못한다. EU처럼 탄소에 돈을 매기자고 나설 순진한 나라는 없을 것이기 때문이다. 미안한 이야기이지만, 우리의 최선은 시장의 동향을 살피며 경쟁 우위를 지키는 것이다. 섣불리 유상 할당을 확대해서는 안 된다.[293] 이기적인가….

아름다운 말로 포장하여도, 탄소 국경(CBAM)은 상대방에게는 관세이고, 무역 장벽이다. 보복을 당한다. 독일 자동차 업계 반발로, 2026년 자동차는 CBAM에서 빠졌다. 나의 경쟁력 있는 산업은 보호하고, 상대는 때리면 보호무역이 된다. 보호무역이 또 있다. 미국의 '인플레이션 감축법(the Inflation Reduction Act)'이다. 보호무역은 유럽이나 미국에도 이득이 되지 않는다. EU 철강 가격이 오르면, 독일의 자동차 가격도 오른다. 배터리 가격이 오르면, 미국 소비자들은 비싼 전기차를 몰게 된다.

돈을 내는 간접 규제는 버틸 수 있는, 힘 있는 기업에만 유리할 것이다. 필자는 직접적 규제를 생각하고 있다.

7. 2050년에 탄소 중립을 이루는 것

역사적인 '교토 의정서(Kyoto Protocol)'가 있었지만, 유럽만 이행하였

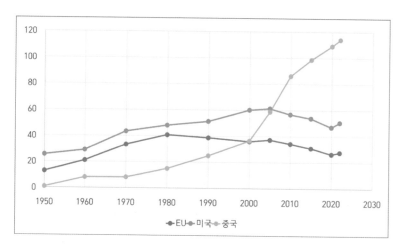

<그림 120> CO₂ 배출량(단위: 억 톤), Our World in Data

다. 산업혁명을 일으킨 원죄가 있다지만, 유럽의 희생이 있었다. 모두가 미안해 할 일이다. 그래서, 2015년 195개국이 합심하여 탄소 감축에 동참하기로 하였다. 더욱 역사적인 '파리 기후협약(the Paris Agreement)'이다. 사실상 만장일치를 이끈 건 '의무 감축'인 교토와 달리, 파리는 '자발적 감축'이기 때문이다. NDC, 즉 '국가 의지(Nationally Determined Contribution)'면 족하다. 공헌하겠다는 의지만 보이면 되는데, 어떻겠는가? 2050년은 먼 미래고, 국제사회에 체면도 있고…. 그래서, 세계 140개국이 "2050년 넷제로"를 외쳤다. 그런데, 넷제로가 쉬울까?

그림 121은 우리나라의 '2050 탄소 중립 시나리오'다. 필자도 참여하였다. 녹색의 시나리오 A를 보자. 전기를 만드는 '전환'에서 신재생

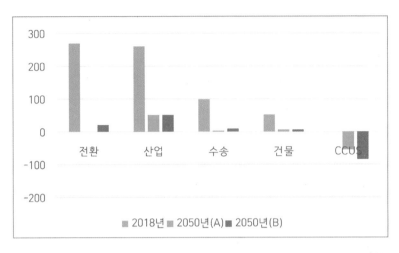

<그림 121> 2050년 탄소 중립 시나리오(단위 백만 톤CO₂eq), 탄소중립위원회

이 70%, 화석연료는 모두 퇴출이다. 자동차의 97%가 전기·수소차로 싹 바뀐다. 25년 뒤에 화석연료가 모두 사라진다는 꿈같은 세상을 그린다. 시나리오 A가 심하다고 보아, 등장한 게 파란색의 시나리오 B이다. LNG 발전, '합성연료(e-fuel)'를 쓰는 내연기관 차를 좀 남겨두지만, 오십보백보이다.

30년도 남지 않은 미래에 저것이 가능할까? 덴마크 사람들처럼 바람이 불 때만 세탁기를 돌릴 수 있을까?[294] 내연기관 차를 아예 판매 금지할 수 있을까? 2050년 탄소 중립을 하려면, 2030년에 45%를 감축해야 한다.[295] 우리나라는 40%이니, 목표를 더 올려야 할 판이다. 현실은…. 코로나가 끝나 배출량이 다시 늘고 있다.

벌써 2050년은 불가능하다고 손을 드는 나라가 있다. 중국은 2060

년, 인도는 2070년이라고 뺀다.[296] 중국이 10년이라는 시간을 번다면, 미국이 가만히 있을까? 인도가 20년을 번다면 중국이 수긍할까? 아무래도, 교토 의정서 때 대탈출이 재현될 것 같다. 2015년 올린 깃발도 동반자를 찾기가 만만치 않을 것이다.

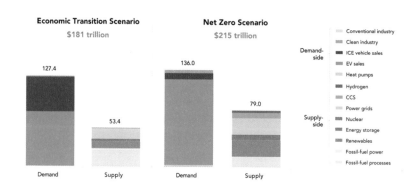

<그림 122> 시나리오별 에너지 전환 비용, Bloomberg NEF[297]

'넷제로'는 실현 가능성이 '제로'이지만, 오히려 실현될까 겁난다. 블룸버그의 견적을 보자. '넷제로 시나리오'를 취하면 215조 달러, '에너지 전환 시나리오'를 취하면 181조 달러의 비용이 든다고 한다. 에너지 전환 시나리오[298]는 IPCC의 시나리오 2와 비슷하다. 넷제로를 하려면 34조 달러가 더 든다. "넷제로는 여전히 가능한가? 그렇다. 그런데, 돈이 19% 더 든다(Is Net Zero by 2050 Still Possible? Yes, But It'll Cost 19% More)."[299] 블룸버그의 제목이다.

까짓 34조 달러 차인데 넷제로를 할까? 우리 돈으로 환산하니 실감이 난다. 4경 6,567조 원이다. 그럴 필요가 없다는 걸 보았다. 골디락스 시나리오를 취해도 2℃만 올라간다. 34조 달러라면, 진짜로 세상을 바꾸는 데 쓰면 좋겠다. 빈곤을 종식하고, 성장의 종말을 막는 것….

골디락스의 지혜가 필요하다. 다음 장에서 우리가 추진해야 할 '현실적이고, 시급한 처방'에 대해 다룰 것이다. 34조 달러까지는 필요 없는 것….

제4장
질서 있는 전환… 기후변화의 종말

1. 무엇을 해야 할까?

개발도상국의 사람들을 생각해 보자. 이들을 위한 현실적인 기후 대책이 무엇이 있을까? 절대 빈곤은 벗어나고 있으나, 필요한 것이 있을 것이다.

열악한 부엌에서 고통받고 있는 이들에게 쿡 스토브를 주는 건 물론 좋다. 그러나, 멋지고 튼튼한 집을 지어주면 더욱 좋을 것이다. 마땅한 교통수단이 없어 출퇴근에 고통받는 이들에게 전기차는 그림의 떡이다. 편리하고 저렴한 대중교통을 만들어 준다면 좋을 것이다. 석탄은 퇴출하고 전기는 늘려야 하는데, 신재생으로 바로 가기가 어렵다. 그렇다면, 천연가스 같은 중간 가교를 적극 활용하자.

기후변화를 끝내는 방법은 탄소세처럼 머리 아프게 복잡한 것도, 거창한 것도 아니다. 평범하고 간단한 것이다. 불편한 것을 버리고 편하고 싶은 것, 삶의 질을 높이는 것, 더 잘살고 싶은 것은 막을 수 없다. 인간의 본성이고, 우리가 살아가는 보람이기 때문이다. 성장의 종말 없이 기후변화의 종말을 이끌어야 하는 이유이다.

2. 좋은 집을 많이 짓는 것

BC 1만 년 찾아온 간빙기로 동굴을 벗어난 인류는, 세계 곳곳에 집을 짓고 살게 되었다. 그러나, '집'은 현대에도 해결이 되지 않은 문제다. 에너지 빈곤을 없애려면 총체적으로 집부터 바꾸어야 한다. 30억 인구가 변변한 부엌이 없다. 좋은 집을 많이 지어야 한다.

세계 24%의 인구는 슬럼(slum)에서 산다. 좀체 비율이 떨어지지 않는다. UN에 따르면, 18억 명의 사람들이 '좋지 못한 집'에서 산다.[300] 1억 5천만 명은 아예 정처가 없는 노숙자(homeless)이다. 문제는 주거난이 해결될 기미가 보이지 않는다는 것이다. UN 전문가는 2030년에는 좋지 못한 집에서 사는 인구가 30억 명으로 오히려 늘 것이라 한다.[301] 값싸고 좋은 집(affordable but decent housing)을 지어, 집 문제를 해결하고 있는 나라가 있을까? 물론 있다. 우리나라다.

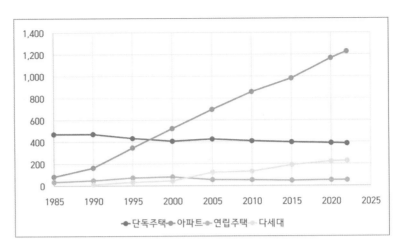

<그림 123> 주거 생활의 변천(단위: 만 호), 국토교통부

우리나라를 흔히 '아파트 공화국'이라고 부른다. 필자도 주택 쪽에서 일했으니 잔뼈가 굵지만, 썩 듣기 좋은 말은 아니다. 다양한 유형의 주택이 나와야 한다. 하지만, 고층 아파트는 도시와 기후변화에는 축복이다. 1980년대 후반 '주택 200만 호 건설'로 아파트 대량 생산의 물꼬가 터졌다. 1985년 957만 채이던 집은 2022년 2,224만 채로 두 배 늘었다. 13%이던 아파트는 64%가 되었다. 국민의 2/3는 아파트에 산다. 헌 집을 밀고 새 아파트를 짓는 것에 대한 반감도 있다. 원주민이 쫓겨나고(gentrification), 콘크리트 숲의 비싼 동네가 된다. 그러나, 부작용이 있지만, 좋은 집이 느니까 좋다. 역대 정권이 명운을 걸고 집을 짓는 이유다.

런던은 세계에서 집세(rent)가 가장 비싼 데다. 침실 2개짜리 월세가

2,400파운드(£), 즉 400만 원이다. 귀를 의심할 수준이다. 런던 시민은 수입의 48%가 집세다. 소식을 전하는 CNBC의 다큐 제목도 "이제 런던을 떠날 때인가?"이다.[302] 미국도 마찬가지다. 필자는 2007년 보스턴 유학 때 학교 기숙사 원룸(studio)을 월세 1,300달러에 구한 기억이 있다. 17년 전 가격이다. 서울의 아파트는 어떨까? 최근 월세 100만 원 시대가 열렸다고 호들갑을 떨었다.[303] 참으로 서울은 정이 가는 도시다.

차이는, '공급'이다. 미국·유럽 도시는 낡고 비좁아져도, 집이 새로 지어지지 않는다. 뉴욕의 집 72%가 1980년 이전에 지어졌다.[304] 반면, 서울은 끊임없이 재개발·재건축이 이루어지고, 주변 경기도에 신도시가 들어서는 역동적인 곳이다. 30년 이상 된 집이 19%에 불과하다.[305] 매년 3만 채의 신규 주택이 공급된다. 물론, 이것도 적다. 더 지어야 한다.

탄소중립위원회의 녹색생활 분과위원장이던 명지대학교 이명주 교수가 '2050 탄소 중립 시나리오'에 '도시·국토 차원의 탄소 중립'을 정책 제안으로 넣었다.[306] 시대를 앞서가는 혜안이라고 본다. 우리나라는 계획된 신도시가 계속 태어나는 멋진 곳이다. 필자가 국토부 공공주택단장으로 있을 때, 신도시에 집을 짓는 '공공주택지구'만 2백 개가 넘었다. 재건축·재개발 등 민간 정비 사업까지 합쳐 매년 전국에 수십만 채의 집이 지어진다. 싸고 좋은 집, 대중교통, 현대적 에너지, 콘크리트·아스팔트를 식히는 바람길과 도시 숲이 있다. 계획된 도시는 기후변화에 강하고, 그렇게 만들어야 한다. 우리나라 사람들은 유독 집에 민감하다. 싸고 좋은 집을 내놓아 주거 안정을 이루는 일은 역대 정권의 명운이 달린 일이었다. 앞으로도 그럴 것이다.

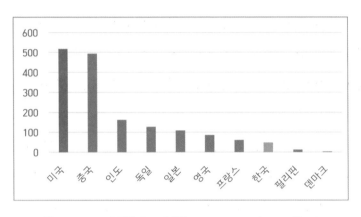

<그림 124> 2020년 건물 탄소 배출량(단위: 백만 톤CO₂eq), Our World in Data

놀랍게도 3억의 미국이 14억의 중국보다 건물에서 나오는 탄소가 더 많다. 한국은 비슷한 인구의 유럽 국가보다 훨씬 적은 양의 탄소를 배출한다. 신도시에 집약된 아파트가 탄소 배출도 적다는 걸 보여준다. 반면, 서구는 교외로 넓게 퍼진(sprawl) 단독주택이다. 자동차에 의존하고, 에너지를 과소비한다. 물론, 중국·인도의 열악한 부엌에서 나오는 블랙 카본은 문제이다. 하지만, 미국·유럽의 낡은 집도 문제다. 선진국도 개발도상국도, 좋은 집을 많이 지어야 한다.

한국에는 훌륭한 주거 복지가 있다. 필자네도 1990년대 초반, 아파트로 이사 가서 어머니, 동생들과 함께 문명을 만끽한 기억이 있다. 비록 콧구멍만 한 집이었지만, 그것만으로도 좋았다. 월세를 내고 나면 월급의 반이 뜯겨 돈을 모을 수 없는 곳에서 살고 싶지 않다. 방이 좁아 큰 냉장고를 두지 못하는 곳에서 살고 싶지도 않다. 싸고 좋은 새 아파트가 도처서 지어지는 한국이 좋다. 월세로 살아도 목돈을 모아 전세로, 그리고 자가로 옮겨가는 주거 사다리가 있는 한국이 좋다.

3. 대중교통, 철도가 답이다

기름값을 올려도 자꾸만 자동차가 늘어난다고 하였다. 기후변화를 막는 두 옵션이 떠오른다. 하나는, 화석연료로 가는 내연 차를 전기차로 바꾸는 것이고, 또 하나는, 자동차를 줄이고 대중교통을 타는 것이다. 어느 쪽이 마음에 드는가?

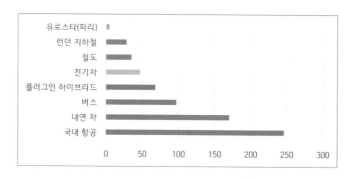

<그림 125> 탄소 발자국(단위 gram/인당 1km), 英 에너지국[307]/Our World in Data

영국 에너지국의 재미있는 분석이다. 교통수단별로 탄소 발자국 (carbon footprint), 즉 생산부터 운용까지 배출하는 탄소를 모아 보았다. 예상대로 비행기와 내연기관 자동차는 탄소를 많이 내뿜는다. 1km를 갈 때 각각 246과 170그램이다. 흥미롭게 전기차도 탄소가 나온다. 주로 배터리를 만들 때 생긴다. 47그램이다. 전기차보다 탄소 배출이 적은 것은 대중교통, 그중 철도이다. 필자가 근년 파리에서 런던으로 갈 때 탔던 유로스타(Eurostar) 철도는 4그램에 그친다.

미국·유럽을 위시한 많은 나라가 여전히 자동차 교통에 의존하고, 대중교통 투자엔 인색하다. 사정이 딱한 건 개발도상국이다. 교통에 투자할 여력이 없다.

"밤 깊은 마포 종점, 갈 곳 없는 밤 전차/비에 젖어 너도 섰고, 갈 곳 없는 나도 섰다" 1968년 은방울 자매가 부른 <마포 종점>이다. 대중교통이 없던 그 시절, 강 건너 영등포도, 당인리 발전소도, 여의도 비행장도 가지 못하고 전차는 마포에 섰다. 이제는 서울에서 출발한 지하철이 천안까지도 가고, 고속열차로 2시간이면 부산까지 가는 세상이 되었다. 중학교 다니는 아들 주현이는 철도를 좋아해, 필자와 함께 천안역에서 일산 킨텍스까지 서울 지하철 1호선 여행을 종종 가곤 한다. 대중교통의 천국, 우리나라는 어느 정도 수준일까?

우리나라 대중교통의 비율은 세계적이다. 40%를 넘는다. 2020년

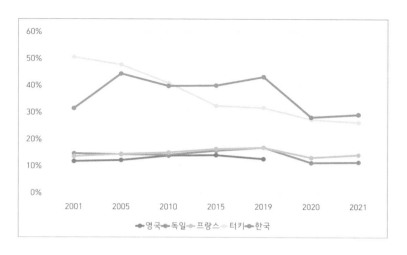

<그림 126> 각국의 대중교통 비율, 통계청 국가 지표 체계

과 2021년 주춤한 것은 코로나 방역 때문에 일시적으로 승용차를 권장한 까닭이다. 철도가 탄생한 유럽의 대중교통은 10%대에 머문다. 자동차의 천국 미국은 할 말이 없을 정도다. 5%로 추정한다.[308]

　물론, '테슬라(Tesla)'로 상징되는 전기차는 미국이 주도하는 4차 산업혁명의 총아이다. 놀라운 속도로 성장하고 있다. 2022년, 생산되는 차량의 12.6%가 어느새 전기차(Electric Vehicle)이다.[309] 하지만, 인기가 벌써 시들하다. 마니아(early adapter)에서 일반 소비자로 전환이 쉽지 않다. 보조금도 줄고, 전기차의 불편함과 배터리 화재의 위험성이 도드라진다. 전기차 시대가 금방 오기 힘들 것 같다.

　문제는 자동차가 계속 는다는 것이다. 전기차도 늘지만, 내연 차도 는다. 2022년 14억 5,000만 대의 차가 굴러다녔는데, 2024년엔 14억

7,500만 대이다.[310] 1829년 스티븐슨 부자(George and Robert Stephenson)의 '로켓(Rocket)'이 철도의 시대를 열었다. 화석연료와 산업혁명의 상징이다. 그리고, 1908년 헨리 포드의 '모델 T'로 자동차의 시대가 왔다. 훨씬 편리한 개인 교통이 대중교통을 눌렀다.

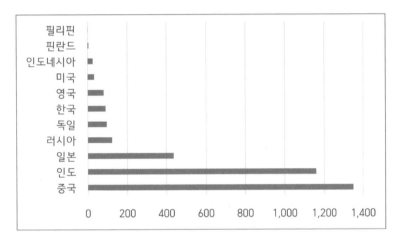

<그림 127> 철도 교통량(단위: 십억 人·km), 통계청 국가 지표

그림은, 철도의 국력이다. 포드의 대역전 이후, 철도의 고향 유럽과 미국은 자동차의 시대를 이어간다. 놀랍게도, 철도의 시대를 새로 여는 곳은 아시아이다. 같은 영토 대국이지만, 중국·인도는 철도를, 미국은 자동차와 비행기를 선택하였다. 미국은 한국보다 철도 교통량이 적다. 비좁은 열도(列島) 일본이 광대한 대륙 러시아보다 철도 이용량이 많다.

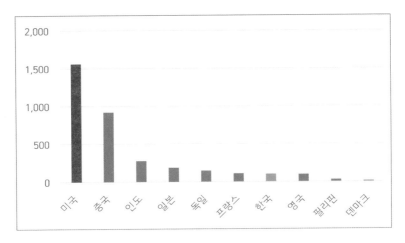

<그림 128> 교통의 탄소 배출량(단위: 백만 톤CO₂eq), Our World in Data

교통의 탄소 배출량도, 자동차의 나라 미국이 독보적 세계 1위다. 반면, 대중교통의 천국 우리나라는 웬만한 유럽 나라보다 탄소를 적게 배출한다. 우리나라도 여전히 자동차가 늘고 있지만, 차량 1대당 운행하는 거리가 줄고 있다.

조금 더 힘을 내서, 자동차 대수를 줄이려면 어떻게 할까? 필자는 차를 모는 것을 좋아하지 않는다. 부자가 되려면 차를 몰지 말라는 말도 있다. 자동차는 돈 먹는 하마다. 보험과 세금이 들고, 대리운전도 필요하고, 주차도 해야 하고…. 차는 애물단지다. 하지만, 세종에서 논산으로 출근하니 별수 없이 차를 몰게 된다. 논산은 대중교통의 오지다. 고속철도나 지하철이 있으면 참 좋을 텐데, 수요가 없어 철도를 놓지 못한다면…. 수요를 따지면, 지방은 소멸한다.

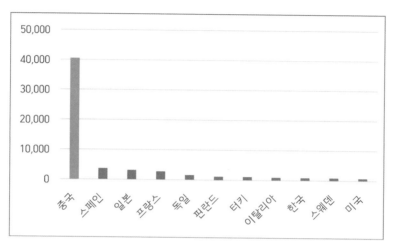

<그림 129> 고속철 운용 거리(단위: km), statista.com

최근 블룸버그(Bloomberg News)가 "전기차 호들갑이 기후변화의 대책인 대중교통을 가리고 있다"라고 보도했는데, 참으로 멋진 글이 아닐 수 없다.[311] 대중교통과 철도의 시대가 도래하면, 교통의 기후변화는 극복될 수 있다. 전기차에 보조금을 주기보다는, 철도에 과감하게 투자하자. 인구 비상사태라면, 국토의 구석구석까지 철도를 놓자.

4. 질서 있는 에너지 전환

2022년, 러시아에서 독일로 천연가스를 공급하던 북해의 노르드 스트림(Nord Stream) 파이프라인이 끊겼다. 독일은 러시아 가스가 없는 겨울을 맞이하였다. 천연가스 가격이 폭등하고, 유럽 전역이 에너지 위기를 겪었다.

청천벽력의 직접 원인은 러시아-우크라이나 전쟁 개입에 대한 보복이지만, 빌미를 제공한 것은 독일의 취약한 에너지 구조다. 2011년 일본 후쿠시마 원전 사고 후 독일은 탈원전을 선언하였다. 2023년을 마지막으로 17개의 모든 원전이 폐쇄되었다. 원전이 빠진 영역은 신재생이 채웠다. 그러나, 24시간 돌아가는 원자력 같은 기저 전력을 날씨에 따라 변덕을 부리는 신재생이 모두 감당할 수는 없다. 천연가스는 그래서 수입되었고, 이 중 35%가 러시아 가스관으로부터 왔다. 신재생을 늘릴수록, 화석연료를 더 많이 수입해야 하는 모순에 빠진 것이다. 급기야 2022년에는 천연가스와 석유의 98%를 수입하였다. 이것이 유럽과 독일이 "신뢰하기 힘든 단일 공급망에 지나치게 의존(over-reliance of untrustworthy supplier)"하게 된 연유이다.[312]

다른 이야기가 있다. 1998년 조지 미첼(George P. Mitchell)이 美 텍사스에서 수압파쇄법(hydraulic fracturing)으로 셰일 가스를 상업적으로 생산하는 데 성공하였다. 그리고, 세상이 바뀌었다. 1985년 4,610억 ㎥로 줄었던 천연가스 생산량이 2022년 1조 ㎥로 늘었다. 2020년 미국은 70년 만에 수출국이 되었고, 세계 최대 천연가스 생산국이다.

기술 혁신은 셰일에서 원유를 뽑는 것도 가능케 하였다. 셰일 오일

(shale oil)이다. 그리고, 셰일 오일은 셰일 가스를 능가하는 충격을 세계에 던졌다. 1970년대 미국의 원유 생산량은 1,000만 배럴을 정점으로 기울기 시작하였다. 미국은 석유를 중동에 의존하게 되었고, 복잡한 국제 정세 속에 에너지가 무기가 되어 제1·2차 석유 파동이 발발하였다. 셰일 오일은 석유의 패권을 바꾸었다. 미국은 이제 하루 2,000만 배럴을 생산하는 세계 최대 산유국이다. 2020년, 꿈에 그리던 원유 수출국이 되었다.

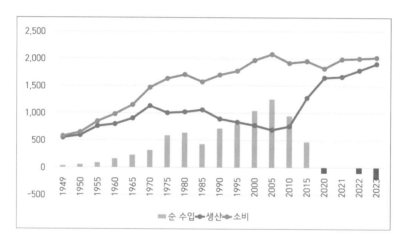

<그림 130> 미국 원유 생산/소비/수입(단위: 만 배럴), 美 에너지부[313], 에너지 정보국

미국이 셰일 가스와 오일로 에너지 자립을 이룬 건 대단한 일이지만, 탄소 중립을 지향하는 시점에서 화석연료를 늘리는 건 시대착오가 아닐까? 세계 에너지 기구(IEA)의 생각도 그러하다.

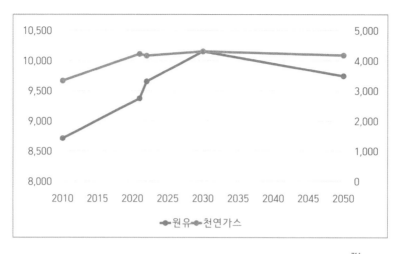

<그림 131> 현 정책 시나리오 원유/천연가스 수요(단위: 좌/만 배럴, 우/십억 ㎥), IEA[314]

IEA는 세계 화석연료의 수요가 이미 정점에 달하고 있다고 본다. 원유는 2030년 일간 1억 배럴에 달한 후 2050년까지 9,740억 배럴로 정체한다. 천연가스도 2030년 4.3조 ㎥를 꼭지로, 더 늘어나지 않는다. 만일, IEA의 전망이 옳다면 최근 황금시대를 맞이한 셰일 가스의 붐은 곧 끝이 날 것이다. 미국에 천연가스 1위 자리를 빼앗긴 카타르가 공급을 늘리며 치킨 게임을 벌이는 것도 어리석은 일일 것이다. 과연 그럴까?

"전기 한번 맛 들이면, 못 끊습니다." 10년 전 블랙아웃 사태로 매주 범정부 대책을 논할 때, 회의 시작 전 산업부 모 차관이 무심코 한 말이 기억난다. 2050년 세계 전력 수요는 두 배 증가할 전망이다.[315] 개발도상국의 사람도 전깃불을 켜고 싶고, 여름에 에어컨을 틀고 싶다. 선진국이라고 다르랴. 식기 세척기도 갖고 싶고, 장마철 제습기도 두고 싶다. 지난여름 초등학교 다니는 딸 지연이를 위해 에어컨을 따로 들였다. 기뻐하는 딸을 보고 즐거운 건, 가난을 겪은 세대의 부모가 갖는 절절함일까? 절약은 생각대로 되지 않는다.

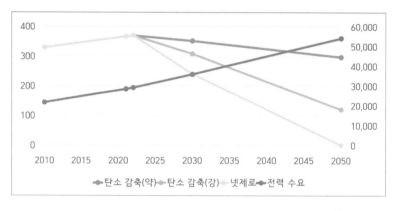

<그림 132> 미래 탄소(단위: 억 톤CO₂eq)와 전력 수요(파란색, 단위: TWh), IEA[316]

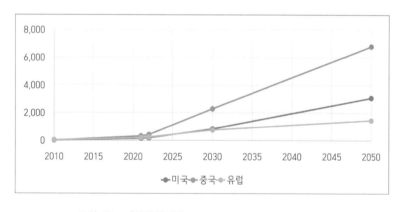

<그림 133> 태양광 발전량(단위: TWh), IEA(World Energy Outlook 2023)

IEA가 발견한 해결사는 중국이다. 2010년대부터 신재생 굴기를 이어가고 있다. 2022년 현재 429TWh로, 세계 태양광 발전량의 1/3을 차지하는 독보적 1위다. 화석연료 최대 배출국이 이젠 신재생의 기술 혁신을 선도하고 있다. 2000년에 6달러가 넘던 태양광 패널을 2022년 26센트로 낮추어[317] 태양광을 가장 싼 에너지로 만들었다. IEA는 2050년 중국의 태양광이 현재 16배인 6,800TWh로 세계 태양광의 40%를 점할 것으로 본다. 입이 다물어지지 않는다.

풍력도 중국의 굴기 시리즈 중 하나다. 2022년 현재 762TWh로 세계 풍력 발전량의 36%를 차지하는 세계 1위다. 필자도 비행기를 타고 가면서 동북 3성을 가득 덮은 풍력 발전기의 위용에 압도된 기억이 있다. IEA의 기대도 절대적이다. 2050년 3,876TWh로 5배 성장하며, 세계 발전량의 1/3을 차지할 전망이다.

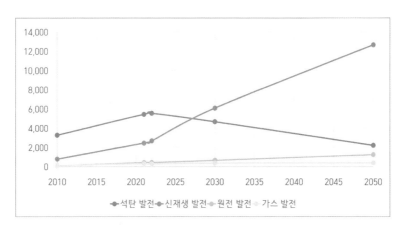

<그림 134> 중국의 발전원(단위: TWh, 약한 시나리오), IEA

중국의 석탄은 인류 최대의 탄소 배출원이다. 2022년 뿜어낸 CO_2 만 82억 톤이다. 중국의 석탄 발전을 친환경으로 돌릴 수만 있다면 기후변화의 세계사에 전환점이 될 것이다. IEA는 낙관적이다. 2050년 중국의 석탄 발전은 절반으로 줄고, 신재생 발전은 5배가 는다. 중국의 신재생은 본토 전기의 77%를 책임지고, 세계 신재생 발전의 1/3을 맡는다.

아쉽지만, 이는 장밋빛 전망에 그칠 것 같다. 2021년에 중국도 에너지 위기를 겪었다. 2020년 중국이 호주산 석탄을 금수(禁輸)한 탓인데, 코로나 기원의 조사 여부를 두고 중국과 호주가 빚은 갈등이 발단이 됐다. 중국은 그간 신재생으로 전기를 많이 확충해서 문제가 없을 것이라 보았지만, 함정이 있었다. 흐리고 바람이 불지 않으면 신재생의 발전량이 확 준다. 화석연료가 필요한 데, 가격이 폭등한 석탄을 충분히 확보하지 못했다. 결과는 대규모 정전이었다. 촛불로 식사하고, 자동차 전조등으로 가게를 비춰 영업하는 원시시대가 도래하였다.

- 태양에너지는 엄청난 개발이 이루어지고 있다. 주 경쟁자는 천연가스다.
- 풍력은 대안 에너지원으로 충분한 잠재력이 있다. 주 경쟁자는 천연가스다.
- 원자력 에너지는 생각보다 안전하다. 주 경쟁자는 천연가스다.

· 그나마 쓸만한 대처법은 개발도상국이 석탄에서 셰일 가스로 변환할 수 있게 도와주는 것이다.

버클리 지구(Berkeley Earth)의 운영자 리처드 뮬러 교수가 쓴 『대통령을 위한 에너지 강의(Energy for Future Presidents)』[318]의 서문이다. 필자는 뮬러가 2012년에 천연가스의 황금시대를 예견한 것을 칭송하는 게 아니다. 지구 온도를 측정해서 온난화의 증거를 제시하는 과학자로서, 그가 취하는 에너지에 대한 유연한 사고를 높이 산다.

독일·덴마크와 같이 신재생 일변도로 간 나라들은 만성적인 전기부족, 세계에서 가장 비싼 전기료, 그리고 취약한 에너지 안보의 위협에 노출되었다. 에너지를 넷제로의 이상에 맞추어 밀어붙이는 일은 지속 가능하지 않다. 에너지는 섞어야 한다(energy mix). 그것이 유연한 방법이다. 천연가스가 탄소 중립으로 가는 중간 가교(bridge)로 인기를 끄는 이유이다.

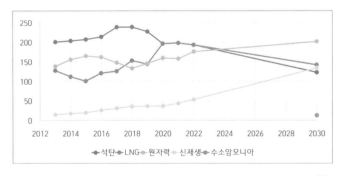

<그림 135> 제10차 전력수급기본계획의 발전 분야(단위: TWh), 산업자원부[319]

우리나라는 계획상 2030년까지 신재생 발전을 3배로 늘려야 한다. 그나마 최근에 목표를 낮춘 것이다. 원자력도 늘어난다. 신재생과 원자력은 생각만큼 늘지 않을 수 있다. 그것이 에너지에 대한 유연한 접근이다. 아래는 뮬러 교수의 결론이다. '질서 있는 전환'이다.

· 우수한 해결책이라도 … 비용과 비용 절감 가능성을 고려해야 한다. 가난한 국가들이 따라 할 수 없다면 좋은 방법이라고 할 수 없다. 가장 좋은 방법은 전 세계가 단기간에 석탄에서 천연가스로 옮겨가는 것이지만, 일단 개발도상국이 다른 에너지원에도 관심을 가질 수 있을 때까지 천천히 실행해야 한다.[320]

5. 규제는 직접, 제대로 하자

산업 중에는 철강, 시멘트, 석유화학처럼 현 공정으로는 도저히 이산화탄소를 줄이기 힘든 업종이 있다. 원료 자체가 화석이기 때문이다. 또한, 이들은 현대 문명에 깊숙이 들어와 있어 그것 없이는 살기가 힘들다. 아스팔트 도로, 콘크리트·철근으로 만든 건물, 철·알루미늄의 자동차, 재활용 쓰레기로 쏟아지는 플라스틱, 심지어 우리가 입고 있는 옷까지….

직접 탄소를 줄이기가 마땅치 않기에, 탄소를 내뿜는 만큼 값을 치르는 탄소 가격제가 나왔다. 이미 보았지만, 그런 건 효과가 없다.

2020년 국제해사기구(IMO)는 선박 연료의 황 함유량을 3.5%에서 0.5%로 강화하였다. 이 때문에, 바다의 하늘이 깨끗해져 구름이 사라지고 있다. 세계의 온도가 올라갔다.[321] 2024년 현재도, 뜨거운 지구는 진행형이다. IMO 규제가 성공한 것은 모두가 규제의 적용을 받기 때문이다. 솔선수범하라면 아무도 따르지 않을 것이다. 국제기구는 이럴 때 참 좋다.

문제는 탄소를 제거하는 CCUS(Carbon Capture Usage and Storage)는 훨씬 돈이 많이 든다는 것이다. 철강의 경우, 톤당 70달러다. 하지만, 장점이 있다. 배출권 거래제나 CBAM에서는, 경쟁자도 탄소 제거에 거액을 들인다는 보장이 없다. 하면 나만 손해인 거다. 그러나, IMO의 규제처럼, 모두가 다 CCUS 설비를 갖추도록 하면 공평해지고, 따를 것이다.

이미 EU에서는 연간 4억 5천만 톤 규모의 대규모 탄소 포집 계획을 세우고 있다.[322] CCUS는 수소 환원 제철과 같은 꿈의 기술이 나오기 전에 가교 또는 디딤돌이 될 수 있고, 시멘트나 석유화학 같은 다른 산업에도 적용할 수 있다. 관건은 국제적으로 통일된 규제를 하는 데 있다. 탈황 처리도 1972년 스톡홀름 선언 이후 각국이 이에 동의하면서 실현되었다.

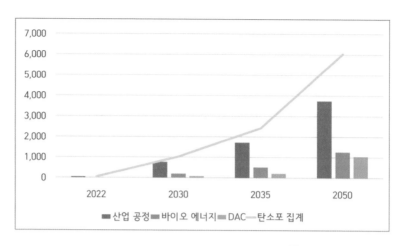

7,000
6,000
5,000
4,000
3,000
2,000
1,000
0
2022   2030   2035   2050

■ 산업 공정 ■ 바이오 에너지 ■ DAC ― 탄소포 집계

<그림 136> CCUS의 미래(단위: 백만 톤 CO₂), IEA[323]

IEA의 도전적인 목표는 2050년에 60억 톤의 탄소를 포집하는 것
이다. 현 배출량 368억 톤의 16%이다. 실현만 된다면, 엄청난 탄소가
감축된다.

간접적으로 가격을 규제하는 건 결국 보호무역이다. 만일 환경 규
제를 하여야 한다면, 직접적으로 그리고 모두에게 규제를 가하는 것이
훨씬 좋다.

6. 중도의 길, 그리고 세계화의 복원

"영광스러운 밤의 마력으로 데려가 주오/미래의 아이들이 변화의 바람에 꿈을 꾸는 그곳으로"[324] 그룹 스콜피언스(Scorpions)의 1990년 명곡 <Wind of Change>이다. "변화의 바람"…. 좋은 세상이 왔다. 1980년대 후반, 냉전이 끝나고 세계화의 시대가 열렸다. 선진국의 자본과 개발도상국의 노동이 결합하여 놀라운 경제 발전을 이루었다. 세계의 많은 곳에서 가난이 물러나고 번영이 찾아왔다.

하지만, 탈세계화의 그늘이 드리운다. 보호무역과 관세 장벽이 성행하고, 러시아-우크라이나, 이스라엘-하마스 등 전쟁으로 얼룩져 있다. 분열되고 대립하는 세계에 탄소 감축은 무의미하다. 하지만, 세계화는 결국 복원될 것이다. 관세 장벽으로 막히고 전쟁으로 대결하는 세계에서 살고 싶은 사람은 없기 때문이다. 세계화가 복원되어야, 시나리오 2는 골디락스가 된다.

※ 좋은 집을 많이 지으면, 가정의 에너지가 바뀐다.

※ 대중교통과 철도를 이용하면, 교통의 에너지가 바뀐다.

※ 모두에게 공평하게 규제하면, 산업의 에너지가 바뀐다.

※ 에너지를 질서 있게 바꾸면, 기후변화의 종말이 온다.

※ 세계화를 복원하면, 기후변화 없이 모두가 잘 살 수 있다.

글을 마치며: 기후변화는 끝낼 수 있다

지구의 온도가 곧 1.5℃를 넘어 파국으로 들어서는데, 세상은 태평하다고 분노와 좌절을 느낄 필요가 없다. 파국은 오지 않는다. 하지만, 10년에 0.2℃씩 더워지는 건 사실이다. 너무 늦기 전에, 온난화는 멈추어야 한다.

극단적인 과학을 취하면 극단적인 처방을 내려야 한다. 넷제로를 강행하면 성장의 종말이 온다. 괴물을 괴물로 막으면 안 된다. 합리적인 과학을 취하면, 합리적인 처방을 내릴 수 있다. 질서 있는 전환으로, 우리 세대에 기후변화를 끝낼 수 있다.

'인간의 활동'으로 산업혁명 이후 1.1℃가 올랐다. 이산화탄소와 온실가스 친구들은 0.3℃를 올렸다. 도시의 열섬은 온실효과를 압도한다. 먼지의 감소도 온실효과를 능가한다.

세 박자가 일으키는 온난화는 2040년대까지 지속될 것이다. 화석연료가 줄고, 성장도 느려지는 2050년엔 온난화가 약해진다. 2080년에는 온난화가 멈출 것이다.

성장의 종말로 기후변화를 멈추어서는 안 된다. 아이들에게 성장이 멈춘 세상을 물려주고 싶지 않다. 골디락스의 지혜를 담아 중간의 길을 가면 된다. 세계화를 복원하여 빈곤을 종식하여야 한다. 좋은 집을 짓고, 대중교통과 철도로 교통을 바꾸면, 그리고, 에너지를 질서 있게 바꾸면, 우리 세대에 기후변화의 종말이 온다.

무엇보다 전쟁이 없어야 한다. 전쟁은 모든 걸 앗아간다. 현대그룹의 창시자 정주영 회장은 "전쟁만 아니면, 모든 걸 극복할 수 있다"라고 하였다. 실라 블랙(Cilla Black)은 "사랑이 멈춘다면/우리의 세상은 끝이다(If our love ceases to be/ Then it's the end of my world)"라고 노래하였다.

세상의 종말이 오면, 기후변화의 종말도 소용이 없다. 세계가 하나가 되어 전쟁이 없는 평화와 번영의 시대를 맘껏 누리자. 번영을 포기할 필요가 없다. 인류와 문명은 계속 전진할 것이다. 내일도 희망찰 것이다.

《참고 문헌》

2050 탄소 중립 위원회

 - 「2050 탄소 중립 시나리오」

 - 「2021년 탄소 중립 시민회의 설문조사 보고서」

감사원, 보도 자료(2023. 11. 13.), 「신재생 에너지 사업추진 실태」

강태욱, LG전자, 「환기장치가 설치된 중학교 교실에서 탄산가스 농도변화 측정 및 모델링」, 한국태양에너지학회 논문집, Vol 26(2006)

과학기술처, 「기후변화가 한반도에 미치는 영향과 지구환경 관련 대책 연구 Ⅱ」, 1995

관계 부처 합동, 「2050 탄소중립위원회 제2차 전체 회의」, 2021. 10. 18.

국립기상과학원, 「지구 대기 감시 보고서 20주년 특별판」

국립환경과학원,

 - 「주거 공간별 실내 공기 질 관리 방안 연구(Ⅲ)」(2011)

 - 「대기오염 측정자료」(2012)

국토교통부, 「국토의 계획 및 이용에 관한 연차 보고서」(2022)

기상청,

 - 기후변화감시 용어집

 - 정책결정자를 위한 요약서, 한국 기후변화 평가보고서(2020)

 - 태풍 & 한반도 영향 태풍 분석보고서(2022)

 - 보도 자료(2023. 8. 16.), 「중소도시의 폭염 증가 추세, 대도시 넘어서」

 - 보도 자료(2023. 1. 20.), 2022년 기후 분석 결과, 「중부와 남부 강수량 차 역대 가장 컸던, 2022년」

- 보도 자료(2024. 1. 16.), 「2023년 연 기후 특성, 지구 온난화 심화, 전 지구에 이어 우리나라도 가장 더운 해로 기록」
- 증발량 관측 방법 개선을 통한 자동화 추진계획(안)
- 「3개월 전망(2023년 12월~2024년 2월)」, (2023. 11. 23.)
- 보도 자료(2023. 7. 2.), 「기상항공기, 북태평양 고기압을 조준하다!」

기획재정부, 보도 자료(2024. 1. 31.), 「국내 담배 판매량 전년 대비 0.6% 감소, 4년 만에 감소세 전환, 면세 담배 포함한 실질 판매량은 2년 연속 증가」

대한민국 정책브리핑, 「안면도 기후변화감시센터에 가다!」, (2013. 5. 9.)

대한석탄공사, 「석탄공사 50년사」 부록-석탄과 연탄

라이너스, 마크(Mark Lynas), 「최종경고: 6도의 멸종(Our Final Warning: Six Degrees of Climate Emergency)」, 김아림 옮김, 세종(2022)

라이트스톤, 그레고리(Gregory Wrighstone), 「불편한 사실」, 박석순 옮김, 어문학사(2020)

뮬러, 리처드(Richard A. Muller), 「대통령을 위한 에너지 강의(Energy for Future Presidents)」, 장종훈 옮김, 허은녕 감수, 살림(2012)

박성봉, 하나증권 리서치 센터(2024. 2. 5.), 「국내 철강금속업체들의 "밸류업 프로그램" 적용 여력」, https://mepsinternational.com/gb/en/products/europe-steel-prices

변희룡, 「한국 최초의 일기예보와 러일전쟁」, 기록인 WINTER+Vol.21

산업통상자원부,
- 「제10차 전력수급기본계획(2022~2036)」, (2023. 1. 13. 공고)
- 「국내 및 세계 자동차 생산량」(한국자동차산업협회)

서울연구원, 지도로 보는 서울, https://data.si.re.kr

세이건, 칼, 「코스모스(Cosmos)」, 홍승수 옮김, 사이언스북스(1980)

日本 氣象廳,
- 「Climate Change Monitoring Report 2018」
- 「Climate Change Monitoring Report 2022」

임창수, 「우리나라 증발접시 증발량과 Penman 증발량 추세 비교분석」, 대한토목학회 논문집 B, Vol.30, no.5, 통권 152호(2010)

정대일 외, 「증발량 관련 기후인자와 팬 증발량의 변화 분석」, 한국 수자원 학회 논문집 제42권 제2호(2009년 2월)

통계청,

- 「2021년 장래인구추계를 반영한 세계와 한국의 인구 현황 및 전망」(2022. 9. 5.)
- 「인구주택 총조사」
한국ESG기준원,
- 보도 자료(2023. 10. 27.), 「2023년 한국ESG 기준원 ESG 평가 및 등급 공표」
- 「2023년 ESG 등급 부여 현황」(2023. 10.)
- 「ESG 평가방법론」(2023. 8.)
한국갤럽,
- 갤럽 리포트, 「기후변화 관련 인식 - WIN 다국적 조사」(2020. 3. 5)
- 갤럽 리포트, 「각종 재난 재해 위험 인식」(2023. 1. 12.)
한국전력, 홈페이지(online.kepco.co.kr), 「요금 계산」
해양수산부, 연안 포털, 「연안 침식이란」, https://coast.mof.go.kr
행정안전부, 「2021 재해 연보」
환경부, 보도 자료「탄소 중립 실현을 위한 온실가스 관측 확대 강화」(2022. 4. 21.)

Abshire, James B., 「Pulsed airborne lidar measurements of atmospheric CO2 column absorption」, November 2010, Tellus B 62(5)

Altostratus. Inc., 「Creating and Mapping an Urban Heat Island Index for California」, CalEPA/Altostratus Inc. Agreement No.13-001(2015)

Balling Jr., Robert C. 외, 「Does the urban CO_2 dome of Phoenix, Arizona contribute to its heat island?」, Geophysical Research Letters, Vol.28(2001), American Geophysical Union.

Basu, S. 외, 「Global CO_2 fluxes estimated from GOSAT retrievals of total column CO_2」, Atmospheric Chemistry and Physics(2013)

Belton, Paddy, 「Incoming EU carbon tax will raise cost of a car by €580」, Brussels Signal(2023. 10. 2.)

Berkeley Earth, 「Global Temperature Report for 2023」

Biskaborn, Boris K. 외, 「Permafrost is warming at a global scale」, Nature communications(2019. 1. 16.)

Bloomberg,
- Skylar Woodhouse and Saleha Mohsin, 「EV Hype Overshadows Public Transit

as a Climate Fix: The emphasis on zero-emission cars has frustrated public transportation advocates, who say that the US needs to focus on greener alternatives to driving.」(2023. 1. 26.)

- NEF, 「New Energy Outlook 2024」, about.bnef.com/new-energy-outlook/

Brutsaert, W. 외, 「Hydrologic cycle explains the evaporation paradox」, Nature, Vol.396(1998. 11. 5.)

Burrows, Michael 외, 「Commuting by Public Transportation in the United States: 2019」, American Community Survey Reports(April 2021)

Calbin, Katherine 외, 「SSP 4: A World of deepening inequality」, Global Environmental Change, 42(2017)

Chandra, The Historical Sunspot Record, (chandra.harvard.edu)

Chapman, R. Arthur 외, 「Diverse trends in observed pan evaporation in South Africa suggest multiple interacting drivers」, Research Article, Volume 117(2021. 8/9)

Charney, Report of an Ad Hoc Study Group on Carbon Dioxide and Climate, 「Carbon Dioxide and Climate: A Scientific Assessment」

Christ, Andrew J 외, 「A multimillion-year-old record of Greenland vegetation and glacial history preserved in sediment beneath 1.4 km of ice at Camp Century」, PNAS 2021. Vol.118, https://doi.org/10.1073/pnas.2021442118

Christy, John R., 「A Practical Guide to Climate Change in Alabama」

City of London, 「70 years since the Great London Smog」, www.london.gov.uk/

Cook, E. C., 「A 1470-Year Astronomical Cycle and Its Effect on Earth's Climate」, Journal of Marine Science Research and Oceanography(2023)

Copernicus, 「Global Climate Highlights 2023」, https://climate.copernicus.eu/

CNBC, Make It, 「Is It Time to Leave London?」

Cronin, Timothy W. 외, 「How Well do We Understand the Planck Feedback?」, Journal of Advances in Modeling Earth Systems, 10.1029/2023MS003729

Department of Energy US, Earth and Environmental System Modelling, 「Measuring Permafrost Thaw with Streamflow」(2023. 1. 1.)

Diamond, S. 「Detection of large-scale cloud microphysical changes within a major shipping corridor after implementation of the International Maritime Organization 2020 fuel sulfur regulations」, Atmos. Chem. Phys., 23, 8259-8269,

Ditlevsen, Peter 외, 「Warning of a forthcoming collapse of the Atlantic meridional overturning circulation」, Nature Communications(2023. 7. 25.)

EIA US(Energy Information Administration), Monthly Energy Review(December 2023)

Energy and Climate Partnership of the Americas, 「The Persistent Challenge of Access to Clean Cooking」(2022. 4. 28.)

EPA US(Environmental Protection Agency), 「Reducing Urban Heat Islands: Compendium of Strategies」

Evelyn, John,
  - 「Sylva」
  - 「Fumifugium or The Inconvenience of the Aer and Smoak of London」

Fedorov, A.V 외, 「The Pliocene Paradox(Mechanisms for a Permanent El Niño)」, Science(2006. 6. 9.)

Foster, Gavin L. 외, 「Future climate forcing potentially without precedent in the last 420 million years」, Nature communications, 8:14845(2017)

Fowler, David 외, 「A chronology of global air quality」 The Royal Society publishing

Fricko, Oliver 외, 「The marker quantification of the Shared Socioeonomic Pathway 2: A middle-of-the-road scenario for the 21st century」, Global Environmental Change(2017)

Fujimori, Shinichiro 외, 「SSP 3: AIM implementation of Shared Socioeconomic Pathways」, Global Environmental Change, 42(2017).

Gates, Bill, 「How to avoid a climate disaster」, Penguin Random House(U.K)

George, K. 외, 「Elevated atmospheric CO_2 concentration and temperature across an urban-rural transect」, Science Direct(2007)

Goelles, Thomas 외, 「Albedo reduction of ice caused by dust and black carbon accumulation:a model applied to the K-transect, West Greenland」, Journal of Glaciology(2017)

Goldblatt, Colin 외, 「The runaway greenhouse: implications for future climate change, geoengineering and planetary atmospheres」(2012) doi.org/10.1098

Gong, D.-Y. 외, 「The Siberian High and climate change over middle to high latitude Asia」, Theoretical and Applied Climatology(2002)

Gore, Al, 「an inconvenient truth」, Viking/Rodale(2006)

Goren, Tom 외, 「Anthropogenic Air Pollution Delays Marine Stratocumulus Break-up to Open Cells」, Geophysical Research Letters(2019)

Hakkarainen, Janne. 외, 「Direct space-based observations of anthropogenic CO_2 emission areas from OCO-2」, Geophysical Research Letters, AGU publications (2016)

Hakkarainen, Janne 외, 「Analysis of Four Years of Global XCO_2 Anomalies as Seen by Orbiting Carbon Observatory-2」, Remote Sens(2019)

Harder, Jerald 외, 「SORCE and TSIS-1 SIM Comparison: Absolute Irradiance Scale Reconcillation」, Earth and Space Science(2022)

Hausfather, Zeke, 「Explainer: How 'Shared Socioeconomic Pathways' explore future climate change」, Carbon Brief(2018. 4. 19.)

He, Chao 외, 「Enhanced or Weakened Western North Pacific Subtropical High under Global Warming?」, www.nature.com/scientificreports

Hersher, Rebecca, 「Soot is accelerating snow melt in popular parts of Antarctica, a study finds」, NPR

Hordon, Robert M., 「Pacific(Hawaiian) High」, https://link.springer.com/

Idso, Craig D. 외, 「An intensive two-week study of an urban CO_2 dome in Phoenix, Arizona, USA」, Atmospheric Environment Volume 35(2001)

IEA(International Energy Agency),
 - 「World Energy Outlook 2021」
 - 「World Energy Outlook 2022」
 - 「World Energy Outlook 2023」
 - 「Net Zero Roadmap: A Global Pathway to Keep the 1.5℃ Goal in Reach」, 2023 Update, https://www.iea.org/reports/ccus
 - 「Global EV Outlook(2023)」, Executive summary

Igini, Martina, 「Air Pollution: Have We Reached the Point of No Return?」, earth.org

Imhoff, Marc. L. 외, 「Remote sensing of the urban heat island effect across bi-omes in the continental USA」, Remote Sensing of Environment, Vol.114(2010)

IMO(International Maritime Organization), 「Reduced limit on sulphur in marine fuel oil implemented smoothly through 2020」, www.imo.org/

Inglis, Gordon N. 외, 「Global mean surface temperature and climate sensitivity of the early Eocene Climatic Optimum(EECO), Paleocene-Eocene Thermal Maximum(PETM), and latest Paleocene」, European Geosciences Union(2020)

IPCC(Intergovernmental Panel on Climate Change),
  - Climate Change 2021, The Physical Science Basis, Summary for Policymakers
  - Climate Change 2023, Synthesis Report, Summary for Policymakers
  - Assessment Report 6
  - Technical Summary(2021)
  - Policymaker Summary of Working Group Ⅰ (1990)
  - Summary for Policymakers(1995)
  - Summary for Policymakers(2001)
  - Summary for Policymakers(2007)
  - Summary for Policymakers(2014)

JANOVER, Multifamily Loans, 「The 10 Markets With the Greatest Need for New Housing」

Jarvis, Brooke, 「Black carbon: A golden opportunity to fight climate change?」, ensia.com

Jeong, Jee-Hoon 외, 「Recent recovery of the Siberian High intensity」, Journal of Geophysical. Vol.116(2011)

Jin, Qinjian 외, 「Impacts on cloud radiative effects induced by coexisting aerosols converted from international shipping and maritime DMS emissions」, Atmospheric Chemistry and Physics(2018)

Johnson, Nat, 「Meet ENSO's neighbor, the Indian Ocean Dipole」, NOAA,

Jokimäki, Ari, 「When carbon dioxide didn't affect climate」, AGW Observer(2010)

Jonas, Michael O., 「Clouds independently appear to have as much or greater effect than man-made CO_2 on radiative forcing」, World Journal of Advanced

Research and Reviews(2022)

Jun, Kagawa, 「Case study of air pollution episodes in meuse valley of Belgium, Donora of Pennsylvania, and London, U.K」, Environmental Toxicology and Human Health-Vol.I,

Kang, Shichang 외, 「A review of black carbon in snow and ice and its impact on the cryosphere」, Earth-Science Reviews, volume 210(2010. 11.)

KC, Samir 외, 「The human core of the shared socioeconomic pathways: Population scenarios by age, sex and level of education for all countries to 2100」, Global Environmental Change(2014)

Keeling, Charles D., 「The Concentration and Isotopic Abundances of Carbon Dioxide in the Atmosphere」, Tellus XII(1960)

Keenan, Douglas J., 「THE FRAUD ALLEGATION AGAINST SOME CLIMATIC RESEARCH OF WEI-CHYUNG WANG」

Kenyon, Kern E., 「North Pacific High: an hypothesis」, Atmospheric Research, volume 51

Kim, Do-Woo 외, 「The Long-term Changes of Siberian High and Winter Climate over the Northern Hemisphere」, Journal of the Korean Meteorological Society (2005)

Kimoto, Kyoji, 「On The Confusion of Planck Feedback Parameters」, Energy & Environment, Vol.20, No.7(2009)

Kious, Jacquelyne 외, 「This Dynamic Earth: The Story of Plate Tectonics」, United States Geological Survey.

Koerner, Brenda A. 외, 「Anthropogenic and natural CO_2 emission sources in an arid urban environment」, Environmental Pollution(2002)

Koonin, Steven E., 「Unsettled」, BenBella Books(2021)

Kopp, Greg's TSI Page

Kopp, Greg 외, 「A new, lower value of total solar irradiance: Evidence and climate significance」, Geophysical Research Letter(2011)

Kort, Erie A. 외, 「Space-based observations of megacity carbon dioxide」, Geophysical Research Letters, Vol 39, 2012, American Geophysical Union.

KOTRA, 해외시장 뉴스, https://dream.kotra.or.kr/kotranews/

Kovarik, Bill, 「Air pollution」, environmentalhistory.org

Krivova, N.A. 외, 「ACRIM-gap and total solar irradiance revisited: Is there a secular trend between 1986 and 1996?」, Geophysical Research Letters, Vol 36

Kumar, Anupam 외, 「Relationship between East Asian Cold Surges and Synoptic Patterns: A New Coupling Framework」, Climate 2019, www.mpdi.com/

Kupffer, Adolf, 「Annuaire magnétique et météorologique du Corps des ingenieurs des mines de Russie」

Langer, Moritz 외, 「Thawing permafrost poses environmental threat to thousands of sites with legacy industrial contamination」, Nature Communications 1721 (2023)

Leimbach, Marian 외, 「Future growth patterns of world region - A GDP scenario approach」, Global Environmental Change 42(2017)

Lewis, Dyani, 「Air Pollution in China is Falling- But there is a long way to go」, Nature Vol.617(11 May 2023), Springer Nature Limited.

Lewis(Nicholas) & Curry(Judith), 「The Impact of Recent Forcing and Ocean Heat Uptake Data on Estimates of Climate Sensitivity」, American Meteorological Society(2018)

Lindsey, Rebecca 외, NOAA, www.climate.gov/
 - 「Climate Change: Arctic sea ice summer minimum」
 - 「Climate Change: Mountain glaciers」

Loeb, Norman G.(NASA) 외, 「Clouds and the Earth's Radiant Energy System(CERES) Energy Balanced and Filled(EBAF) Top-of-Atmosphere(TOA) Edition-4.0 Data Product(2018)

Loeb, Norman G. 외, 「Observational Assessment of Changes in Earth's Energy Imbalance Since 2000」, Springer Nature(2024. 5.)

Lorenz, Edward., 「Predictability: Does the Flap of a Butterfly's Wings in Brazil Set Off a Tornado in Texas?」, Advancement of Science(1972)

Lu, Riyu 외, 「Westward Extension of North Pacific Subtropical High in Summer」, Journal of the Meteorological Society of Japan, vol.79

Manabe, Syukuro and Wetherald, Richard T. 「Thermal Equilibrium of the Atmosphere with a Given Distribution of Relative Humidity」, Journal of the Atmospheric Sciences, volume 24(1967. 5.)

Mann, Michael E.,

- 「The Hockey Stick and the Climate Wars」, Columbia University Press(2012)

- 「Earth Day and the Hockey Stick: A Singular Message」, 2018. 4. 20., Scientific American, https://www.scientificamerican.com/blog/

Mani, Muthukumara, 「Glaciers of the Himalayas」, World Bank Group

McKay, David I. Armstrong 외, 「Exceeding 1.5℃ global warming could trigger multiple climate tipping points.」, Science 377, 1171(2022. 9. 9.)

Mearns, Euan, 「Vostok and the 8000 year time lag」, www.euanmearns.com/

Mendoza, Victor 외, 「Thermodynamics of climate change between cloud cover, atmospheric temperature and humidity」, Nature

Met Office U.K, 「What is climate sensitivity?」

Morrison, Chris, 「Net Zero Shock: Carbon Dioxide Rises AFTER Temperature Increases, Scientists Find」, the Daily Sceptic(2022. 6. 10.)

NASA(National Aeronautics and Space Administration),

- 「Five Factors to Explain the Record Heat in 2023」

- 「Global Climate Highlights 2023」

- Home Page of the Solar Radiation and Climate Experiment(SORCE)

- brochure, 「TSIS-1, Measuring the Sun's Energy Input to Earth」

Nevanlinna, H. 외, 「Results of Russian geomagnetic observatories in the 19th Century: magnetic activity, 1841-1862」, Annales Geophysicae(2010)

NOAA(National Oceanic and Atmospheric Administration),

- 「What is the Atlantic Meridional Overturning Circulation(AMOC)?」

- Space Weather Prediction Center, 「Solar Cycle 25 Forecast Update(2019. 12. 9.)

- 「NOAA forecasts quicker, stronger peak of solar activity」(2023. 10. 25.)

Osaka, Shannon, 「One of climate change's great mysteries in finally being solved」, The Washington Post(2022. 12. 22.)

Otto, Alexander 외, 「Energy budget constraints on climate response」, Nature(2013)

Panagiotopoulos, Fotis 외, 「Observed Trends and Teleconnections of the Siberian Highw:A Recently Declining Center of Action」, American Meteorological Society(2005)

Patton, Paul, 「Black carbon pollution and melting ice in Antarctica」, Moment of Science

Pearce, Fred, 「Why Clouds Are the Key to New Troubling Projections on Warming」, Yale Environment 360, e360.yale.edu/

Pedro, J.B. 외, 「Tightened constraints on the time=lag between Antarctic temperature and CO_2 during the last deglaciation」. Climate of the Past(2012)

Petit, J. R. 외, 「Climate and atmospheric history of the past 420,000 years from the Vostok ice core, Antarctica」, Nature, Vol.399(1999)

Plass, Gilbert N. 「The Carbon Dioxide Theory of Climate Change」, Tellus Ⅷ(1956)

Polo, Marco, 「The Travels of Marco Polo」, SIGNET Classics

Purvis, Ben 외, 「Three pillars of sustainability: in search of conceptual origins」, Sustainability Science(2019)

Ramanathan 외, 「Global and regional climate changes due to black carbon」, Nature Geoscience, Volume 1, Issue 4(2008)

Ren, Dong 외, 「Rising trends of global precipitable water vapor and its correlation with flood frequency」, Geodesy and Geodynamics, Volume 14(2023)

Robinson, Marci M.(USGS) 외, 「Pliocene Role in Assessing Future Climate Impacts」,

Roderick, Michael. L. 외, 「The Cause of Decreased Pan Evaporation over the Past 50 Years」, Science, Vol.298(2002. 11. 15.)

Rohde, Robert A. 외, 「The Berkeley Earth Land/Ocean Temperature Record」, Copernicus Publications(2020)

Rugenstein, Maria 외, 「Patterns of Surface Warming Matter for Climate Sensitivity」, EOS

Sachs, Jeffery D,, 「The End of Poverty」, Penguin Books(2005)

Scafetta, Nicola, 「Impacts and risks of "realistic" global warming projections for the 21st century」, Geo-science Frontiers 15(2024)

Scafetta, Nicola 외, 「Comparison of Decadal Trends among Total Solar Irradiance

Composites of Satellite Observations」, Hindawi(2019)

Schlund, Manuel 외, 「Emergent constraints on equilibrium climate sensitivity in CMIP 5: do they hold for CMIP 6?」, Earth System Dynamics

Schmidt, Gavin A. 외, 「Attribution of the present-day total greenhouse effect」, Journal of Geophysical Research, Vol.115(2010)

Schneider, Henrique, 「CBAM will expedite carbon leakage.」, GIS(2024. 1. 10.)

Schneider, Tapio 외, 「Possible climate transitions from breakup of stratocumulus decks under greenhouse warming」, Nature Geoscience 12(2019)

Sellwood, Bruce W. 외, 「Jurassic climates」, Geologists' Association(2008)

Stanley, Michael, 「Gas flaring: An industry practice faces increasing global attention」, Global Gas Flaring Reduction Partnership, World Bank Group

Stohl, A. 외, 「Black carbon in the Arctic: the underestimated role of gas flaring and residential combustion emissions」, Atmospheric Chemistry and Physics, Volume 13(2013)

Tindall, Julia C. 외, 「The warm winter paradox in the Pliocene northern high latitudes」, Climate of the Past, 18, 1385-1405, https://doi.org(2022)

UK Parliament, 「Memorandum submitted by Dr. Benny Peiser(CRU 38)

UNEP(United Nations Environment Programme), 「Policy Implications of Warming Permafrost」(2012)

United Nations,
  - 「World Population Prospects 2022」
  - 「World Population Prospects 2024」
  - United Nations, 「The Global Housing Crisis: Facts, Figures, and Solutions」, November 21, 2023, Written by Rose Morrison, Renovated Revised and updated by Brett Stadelmann, managing editor of Unsustainable,

United Nations General Assembly, 「Resolution adopted by the General Assembly on 25 September 2015」

United Nations NDC Registry,
  - Submission under the Paris Agreement. The Republic of Korea's Enhanced Update of its First Nationally Determined Contribution(December 23, 2021)

- The United States of America. Nationally Determined Contribution. Reducing Greenhouse Gases in the United States: A 2030 Emissions Target.
- The update of the nationally determined contribution of the European Union and its Member States.
- INDIA'S UPDATED FIRST NATIONALLY DETERMINED CONTRIBUTION

University of Plymouth, 「Physical impacts of climate change on coral reef islands」, plymouth.ac.uk

US Army Corps of Engineers, Alaska District, 「Alaska Baseline Erosion Assessment」

Vuuren, Detlef P. van 외, 「Energy, land-use and greenhouse gas emissions trajectories under a green growth paradigm」, Global Environmental Change, 42(2017)

Wang, Wei-Chyung 외, 「Urban heat islands in China」(1990)

Wang, Zhenqian 외, 「Northward migration of the East Asian summer monsoon northern boundary during the twenty-first century」, www.nature.com

Wettengel, Julian, 「Germany, EU remain heavily dependent on imported fossil fuels」, Clean Energy Wire(21 Feb 2024)

Wild, Martin, 「The global energy balance as represented in CMIP6 climate models」, Climate Dynamics(2020)

World Bank, 「Clean Cooking: Why it Matters」, Worldbank.org/news

Xu, Baiqing 외, 「Black soot and the survival of Tibetan glaciers」, doi.org(2009)

Xu, Haoran 외, 「Updated Global Black Carbon Emissions from 1960 to 2017: Improvements, Trends, and Drivers」, American Chemical Society

Xu, Zhen-tao, 「The hexagram "Feng" in "the book of changes" as the earliest written record of sunspot」, https://doi.org/10.1016/0146-6364(80)90034-1

Zhong, Wenyi 외, 「The greenhouse effect and carbon dioxide」, Weather, Vol.68, Royal Meteorological Society(2013)

《미주》

1 "We have the science. We have the solutions. Now, all the world needs is political will."

2 "We are in the beginning of a mass extinction, and all you can talk about is money and fairy tales of eternal economic growth. How dare you!"

3 https://gml.noaa.gov/ccgg/trends/

4 parts per million

5 IPCC, Climate Change 2021, The Physical Science Basis, Summary for Policymakers, p. 7

6 Michael E. Mann, 「Earth Day and the Hockey Stick: A Singular Message」, 2018. 4. 20., Scientific American, https://www.scientificamerican.com/blog/

7 원자료: National Geophysical Data Center/World Data Service

8 원자료: National Geophysical Data Center for the NOAA

9 IPCC, SPM(2021), p.6

10 Al Gore, an inconvenient truth, Viking/Rodale(2006), p.87

11 Al Gore, an inconvenient truth, Viking/Rodale(2006), p.105

12 세계 최대 한류는 남극 해류(Antarctic Circumpolar Current)이다. 유량이 초당 1억 5천만 m³이다.

13 NOAA(National Oceanic and Atmospheric Administration), 「What is the Atlantic Meridional Overturning Circulation(AMOC)?」

14 Peter Ditlevsen 외(2023. 7. 25.), Nature Communications. 「Warning of a forthcoming collapse of the Atlantic meridional overturning circulation」

15 YTN 사이언스, 사이언스 투데이, 「[날씨학 개론] 영화 '투모로우' 현실화? … AMOC·멕시코 만류 붕괴」, 2023. 8. 22.

16 IPCC, SPM(2021), p.20

17 IPCC, SPM(2021), p.28: There is high confidence that total ice loss from the Greenland Ice Sheet will increase with cumulative emissions.

18 IPCC, SPM(2021), p.28: There is limited evidence for low-likelihood, high impact outcomes that would strongly increase ice loss from the Antarctic Ice Sheet for centuries under high GHG emissions scenarios.

19 IPCC, Assessment Report 6, Chapter8, p.1148: It is very likely that AMOC will weaken by 2100 in response to increased greenhouse gas emissions. Furthermore, there is medium confidence that the decline in AMOC will not involve an abrupt collapse before 2100.

20 IPCC, AR 6, Chapter 4, p.633

21 NSIDC/NASA, https://climate.nasa.gov/vital-signs/arctic-sea-ice/

22 IPCC, AR 6, Chapter 4, p.575: IPCC의 시나리오 SSP 1은 240~170만 ㎢, SSP 2는 80, SSP 3은 50, SSP 5는 30만 ㎢로 예측한다. 현실을 감안한 중간 정도의 탄소 감축인 SSP 2가 유력하다고 본다.

23 해빙(sea ice)이 해수면 높이를 올리지 않는 것은 고대 그리스의 아르키메데스가 발견한 것이다. 욕조에 몸을 담그니 그 부피만큼 물의 높이가 올라간 것을 발견하고, 그는 "유레카"를 외쳤다. 유리컵에 얼음을 넣으면 얼음이 다 녹아도 물의 높이가 올라가지 않는 것과 같은 원리다.

24 IPCC, AR 6, Chapter 4, p.634, Table 4.10

25 IPCC, AR 6, Chapter4, p.634

26 David I. Armstrong McKay 외, 「Exceeding 1.5℃ global warming could trigger multiple climate tipping points.」, Science 377, 1171(2022. 9. 9.).

27 IPCC, AR 6, Chapter2, p.291: The AMOC was relatively stable during the past 8000 years but declined during the 20th century(low confidence.).

28 IPCC, AR 6, Chapter4, p.634: Projected 21st Century Change Under Continued Warming ⇒ Very likely decline; medium confidence of no collapse.

29 IPCC, AR 6, Chapter8, p.1149

30 https://rapid.ac.uk/rapidmoc/overview.php

31 기상청 보도 자료(2022. 12. 27.), 북극발 한파로 장기간 추위와 동시에 폭설까지 몰고 와

32 IPCC, SPM 6, p.28: Mountain··· glaciers are committed to continue melting for decades or centuries(very high confidence).

33 David I. Armstrong McKay 외, 「Exceeding 1.5℃ global warming could trigger multiple climate tipping points.」, p.3

34 Jacques Descloitres, MODIS Land Rapid Response Team, NASA/GSFC http://visibleearth.nasa.gov/view_rec.php?id=2309

35 IPCC, SPM 6(2021), p.28: Over the next 2000 years, global mean sea level will rise by about ··· 2 to 6 m if warming is lmited to 2℃ ···, and it will continue to rise over subsequent millennia(low confidence).

36 IPCC, SPM 6(2021), p.11: There is low confidence in long-term (multi-decadal to centennial) trends in the frequency of all-category tropical cyclones.

37 IPCC, SPM 6(2021), p.20: Additional warming is projected to further amplify permafrost thawing ··· (high confidence).

38 www.mk.co.kr, 2021. 10. 22., 「해운대 백사장의 실종··· 축구장 3개 면적 사라져」

39 IPCC, SPM(2021), p.6

40 IPCC, SPM(2021), p.29 & https://sealevel.nasa.gov/

41 1995~2014년 대비로 그렇다는 것이다.,

42 University of Plymouth, 「Physical impacts of climate change on coral reef islands」, plymouth.ac.uk

43 해양수산부-연안포털, 「연안 침식이란」, https://coast.mof.go.kr

44 국토교통부, 「국토의 계획 및 이용에 관한 연차 보고서(2022)」, p.3

45 기상청 날씨 누리-태풍 & 한반도 영향 태풍 분석보고서(2022)

46 statista.com, 「Number of named tropical cyclones worldwide from 1980 to 2022」

47 행정안전부, 「2021 재해 연보」, p.465

48 재해 연보(2021), p.194 이하를 재구성

49 재해 연보(2021)

50 1945~1957년의 자료는 없다. 그리고, 2018년부터는 폭염 원인의 인명 피해가 추가되었지만, 시계열 유지를 위해 이 숫자는 제외하고 산정하였다.

51 서울경제, [사이언스] 「지구의 여섯 번째 눈물··· 대멸종 또 오나」, 2020. 8. 16.

52 NASA Climate Kids; https://climatekids.nasa.gov/permafrost/, 원자료 Photo

credit: Benjamin Jones, USGS. Public domain(modified)

53 IPCC도 이러한 양극화 결과를 인정한다; IPCC, AR 6, Chapter2, p.348

54 IPCC, AR 6, Chapter2, p.348

55 Boris K. Biskaborn 외(2019. 1. 16.), 「Permafrost is warming at a global scale」, Nature communications

56 UNEP의 보고서, p.10 및 p.17

57 IPCC, AR 6, Chapter5, p.773: Projections from models of permafrost ecosystems suggest that future permafrost thaw will lead to some additional warming - enough to be important, but not enough to lead to a 'runaway warming' situation, where permafrost thaw leads to a dramatic, self-reinforcing acceleration of global warming.

58 IPCC, AR 6, Chapter4, p.634: Virtually certain decline in frozen carbon; low confidence in net carbon change.

59 Alistair McMillan(alistairmcmillan)
    https://www.flickr.com/photos/alistairmcmillan/116490194/
    https://commons.wikimedia.org/w/index.php?curid=1471420

60 IPCC, Summary for Policymakers(2021), p.5: Global surface temperature was 1.09[0.95 to 1.20] ℃ higher in 2011~2020 than 1850~1900.

61 IPCC, SPM(2021), p.7

62 ① www.metoffice.gov.uk/hadobs/hadcrut5/ ② berkeleyearth.org/data/ ③ climate.nasa.gov/vital-signs/global-temperature/ ④ www.ncei.noaa.gov/access/monitoring/climate-at-a-glance/ ⑤ ds.data.jma.go.jp/tcc/tcc/products/gwp/temp/

63 Berkeley/NASA는 1951~1980, HadCRUT5는 1961~1990, NOAA는 1901~2000년이 눈금 0, 즉 기준이다.

64 IPCC, AR 6, Chapter 2, p.326

65 https://berkeley-earth-temperature.s3.uswest-1.amazonaws.com

66 Rebecca Lindsey 외, 「Climate Change: Global Temperature」, Climate.gov.

67 https://www.ncei.noaa.gov/access/monitoring/climate-at-a-glance/global/time-series

68 버클리 연구소는 자신들이 수집한 1750년부터의 자료(Berkeley Earth monthly land temperature field)를 쓰는데, global historical climate network에 등록된 관측소의 5배가 넘는 3만 6,866개의 관측소 기록을 모은 것이다(리처드 뮬러, 대통령을 위한 에너지 강의 p.70, 살림).

69 Met Office; https://www.metoffice.gov.uk/hadobs/hadcet/cet_info_mean2023.
html

70 와다 유지는 우리나라 천문학·기상학 발전에 공헌하였다. 해류병을 띄워 구로시오 해
류를 발견했다. 첨성대가 천문 관측소이고, 측우기가 세계 최초의 우량계임도 그가 국
제 학계에 처음 발표하였다.

71 변희룡, 「한국 최초의 일기예보와 러일전쟁」, 기록인 WINTER+Vol.21, p.95

72 기상자료 개방 포털: https://data.kma.go.kr/climate/

73 Met Office Hadley Centre, HadSST.4.0.1.0: https://www.metoffice.gov.uk/
hadobs/hadsst4/

74 International Comprehensive Ocean-Atmosphere Dataset, brochure

75 기상청 날씨누리, https://www.weather.go.kr/w/image/chart/water-temp.do

76 University of Alabama in Huntsville: https://www.nsstc.uah.edu/data/msu/
v6.0/tlt/

77 그림 왼쪽 눈금으로 표시된 UAH 인공위성 온도는 1991~2000년 기준점이고, 오른쪽
눈금인 HadCRUT5 지상 온도는 1951~1980년 기준점이다.

78 오른쪽 눈금으로 표시된 RSS 온도는 1979~2014년 기준점이다.

79 https://berkeley-earth-temperature.s3.us-west-1.amazonaws.com/Regional/
TAVG/south-korea-TAVG-Trend.txt

80 위의 Berkeley Earth 홈페이지를 참조

81 미일 화친조약으로 문호를 연 항구는 시모다(下田)와 하코다테이다. 시모다는 도쿄만의
입구에 위치하여 수도로 가는 배들이 도쿄로 바로 들어오지 못하고, 여기에 들러야 하
는 호위 항구였다.

82 본서에서는 Berkeley Earth의 데이터 중 원본 온도(raw data)를 사용한다. 위치 부적정,
관측소 이전 등을 반영하여 원본 온도를 수정한 조정 온도(adjusted data)도 있다.

83 영국 기상청은 바다 수온을 기록한 HadSST4는 보간법을 적용하지 않았다고 한다:
https://www.metoffice.gov.uk/hadobs/hadsst4/. 반면, 버클리는 HadSST4에 보
간법을 적용한 후에 썼다는 것이다: https://berkeley-earth-temperature.s3.us-
west-1.amazonaws.com/
일반적인 경우, 즉 A 지역의 기온이 중간에 없는 경우는 보간법이라 할 수 있다. 그러
나, A 지역의 기온이 처음부터 없는 경우는 보간법이라 할 수 없다. '안'을 보충하는 것
이 아니라, '밖'이 비어있기 때문이다. 보간법이 아니라 보외법을 쓴 것이다.

84 Berkeley Earth는 1,000km 넘는 거리의 기록도 동조성이 있으면 충분히 갖다 쓸 수
있다고 한다: In general, the temperature anomaly field has significant correla-

tions extending over greater than 1000 km, which allows even distant stations to provide some insight at times when local coverage may be lacking(월별 기온 한국 편): 이해하기 힘들지만, 동조성이 있다면 그럴 수도 있겠다. 가령, 위도가 같고 연중 바람·해류의 영향권이 같다면 말이다.

85 Michael E. Mann, 「The Hockey Stick and the Climate Wars」, p.43, Columbia University Press(2012).

86 https://www.nsstc.uah.edu/data/msu/v6.0/tlt/uahncdc_lt_6.0.txt

87 Watts Up With That?; https://wattsupwiththat.com/uah-version-6/

88 IPCC, AR 6, Chapter 7, p.969

89 1750~1955년은 www.co2levels.org와 NASA GISS, 1957~2023년은 https://gml.noaa.gov

90 IPCC, SPM(2021), p.5: Observed increases in well-mixed greenhouse gas concentrations since around 1750 are unequivocally caused by human activities.

91 Charles D. Keeling, 「The Concentration and Isotopic Abundances of Carbon Dioxide in the Atmosphere」, Tellus XII(1960)

92 오지를 선택해도 지역 오염(local contamination)의 위험이 있다. Little America의 관측을 보면, 1958년 10월에 오히려 313ppm으로 연중 최고치를 보인다. 비록 남극이지만, 광합성이 일어나는 10월에는 연중 최저치를 기록해야 정상이다. 킬링은 관측소 주변 화석연료 사용이 원인이라 본다.

93 Charles D. Keeling, 앞의 글

94 https://education.nationalgeographic.org/resource/mauna-loa-observatory/

95 https://scrippsco2.ucsd.edu/data/atmospheric_co2/sam.html

96 http://climatelab.snu.ac.kr/CO2.php

97 Craig D. Idso 외(2001), 「An intensive two-week study of an urban CO_2 dome in Phoenix, Arizona, USA」, Atmospheric Environment Volume 35.: 동 조사는 2000년 1월에 14일 동안 실시되었다. 평균 피크 농도는 교외에 비해 도심이 주중 43%, 주말 38% 높았다.

98 K. George 외, 「Elevated atmospheric CO_2 concentration and temperature across an urban-rural transect」, Science Direct, 2007

99 Brenda A. Koerner 외, 「Anthropogenic and natural CO_2 emission sources in an arid urban environment」, Environmental Pollution(2002).

100 Robert C. Balling Jr. 외, 「Does the urban CO_2 dome of Phoenix, Arizona contribute to its heat island?」, Geophysical Research Letters, Vol.28(2001), Ameri-

can Geophysical Union.

101   국립환경과학원(2011), 「주거 공간별 실내 공기 질 관리 방안 연구(Ⅲ)」.

102   공중위생관리법, 학교보건법, 산업안전보건법 등

103   강태욱(LG전자), 「환기 장치가 설치된 중학교 교실에서 탄산가스 농도 변화 측정 및 모
      델링」, 한국태양에너지학회 논문집, Vol 26(2006).

104   James B. Abshire, 「Pulsed airborne lidar measurements of atmospheric CO_2
      column absorption」, November 2010, Tellus B 62(5):770-783

105   이미지는 NASA Earth Observatory/Joshua Stevens, 데이터는 J. Hakkarainen 외,
      「Direct space-based observations of anthropogenic CO_2 emission areas from
      OCO-2」, Geophysical Research Letters(2016), AGU publications.

106   Greenhouse Gases Observing Satellite

107   Orbiting Carbon Observatory 2

108   Janne Hakkarainen 외, 「Analysis of Four Years of Global XCO₂ Anomalies as
      Seen by Orbiting Carbon Observatory-2」, Remote Sens. 2019

109   Erie A. Kort 외, 「Space-based observations of megacity carbon dioxide」, Geo-
      physical Research Letters, Vol 39, 2012, American Geophysical Union.

110   환경부, 「탄소 중립 실현을 위한 온실가스 관측 확대 강화」, (2022. 4. 21.)

111   S. Basu 외, 「Global CO_2 fluxes estimated from GOSAT retrievals of total col-
      umn CO_2」, Atmospheric Chemistry and Physics, (2013)

112   환경부, 「탄소 중립 실현을 위한 온실가스 관측 확대 강화」, (2022. 4. 21.)

113   NASA Jet Propulsion Laboratory, 「NASA satellite Offers Urban Carbon Dioxide
      Insights」

114   IPCC, SPM(2021), p.6

115   IPCC, SPM(2021), p.8

116   칼 세이건, 『코스모스(Cosmos)』, 1980. 홍승수 옮김, 사이언스북스, p.209

117   칼 세이건, 앞의 책, p.213

118   "In comparison to climate science, quantum mechanics is child's play." X

119   Robert A. Rohde, https://commons.wikimedia.org/w/index.php?curid=101774845

120   IPCC, AR 6, Chapter 7, p.935

121   IPCC, SPM 6(2021), p.13

122 1와트는 100g짜리 사과 한 개를 1m 들어 올리는 힘의 세기를 가진다.

123 Figure 7.6 in IPCC, 2021: Chapter 7. In: Climate Change 2021

124 The Dong-A Ilbo, 「Will Pele's Curse Affect This Year's World Cup?」, 2010. 6. 30.

125 Wikipedia, 「Paul the Octopus」

126 IPCC, SPM(2021), p.14

127 https://earthobservatory.nasa.gov/images/7373/the-top-of-the-atmosphere

128 climatechangetracker.org/global-warming: 1985~1999 데이터는 ERBE 위성 시리 즈를, 2000~2024는 CERES 위성 장비로 측정한 것임. Data from 2024년 6월 13일, visit https://ClimateChangeTracker.org/glboal-warming for the latest charts and data.

129 Climate Change Tracker가 제공하는 월별 자료를 필자가 연도별로 재구성하였다. 단, 2024년은 1~3월을 평균한 것이다.

130 ERBS 위성은 2005년 작동이 멈춘 후에도 계속 떠다니다가, 2023년 1월 8일 베링해 로 떨어졌다.

131 Norman G. Loeb 외, 「Observational Assessment of Changes in Earth's Energy Imbalance Since 2000」, Springer Nature(2024. 5.)

132 MEI(Multivariate ENSO index)는 엘니뇨/라니냐 지수이다.

133 ISS Expedition 34 Crew, Image Science & Analysis Laboratory, NASA Johnson Space Center; https://eol.jsc.nasa.gov/SearchPhotos/

134 "We find that large decreases in strato-cumulus and middle clouds over the sub-tropics and decreases in low and middle clouds at mid-latitudes are the primary reasons for increasing ASR trends in the northen hemisphere." Loeb 외, 「Observational Assessment of Changes in Earth's Energy Imbalance Since 2000」

135 Rhwentworth - Own work, https://commons.wikimedia.org/

136 주파수는 일정한 시간에 파장이 진동하는 횟수를 나타낸다. 따라서, 파장이 짧으면 1 초당 진동수도 많아져, 주파수가 높아진다. 즉, 파장과 주파수는 반대 관계이다.

137 Ari Jokimäki, 「When carbon dioxide didn't affect climate」, AGW Observer, 2010

138 Gilbert N. Plass, 「The Carbon Dioxide Theory of Climate Change」, Tellus Ⅷ, 1956

139　Wenyi Zhong 외, 「The greenhouse effect and carbon dioxide」, Weather, Vol. 68, Royal Meteorological Society, 2013.

140　"We conclude that as the concentration of CO_2 in the Earth's atmosphere continues to rise there will be no saturation in its absorption of radiation and thus there can be no complacency with regards to its potential to further warm the climate." 앞의 글, p.105

141　다만, 대부분 다른 기관들은 아직 1.5℃를 넘지는 않는 걸로 본다. 예컨대, EU의 Copernicus는 2023년은 1.48℃ 올랐다고 한다; https://climate.copernicus.eu/

142　Copernicus, 위의 글

143　"The long-term trend towards higher temperatures is being driven by man-made global warming. However, year-to-year rankings are likely to reflect short-term natural variability"; Berkeley Earth, 「Global Temperature Report for 2023」

144　NASA Earth Observatory, 「Five Factors to Explain the Record Heat in 2023」 Berkeley Earth 앞의 글

145　Copernicus, 앞의 글

146　NASA 앞의 글

147　기상청 보도 자료, 「2023년 연 기후 특성, 지구 온난화 심화, 전 지구에 이어 우리나라도 가장 더운 해로 기록」, 2024. 1. 16.

148　NASA, 「Global Climate Highlights 2023」

149　https://ourworldindata.org/urbanization

150　일본 기상청, 「Climate Change Monitoring Report 2022」, p.59

151　Robert C. Balling 외, 「Does the urban CO_2 dome of Phoenix, Arizona contribute to its heat island?」, Geophysical Research Letters, Vol.28, No.24, 2001

152　Altostratus Inc. 「Creating and Mapping an Urban Heat Island Index for California」, CalEPA/Altostratus Inc. Agreement No.13-001, 2015

153　Terra와 Aqua 위성에 탑재된 MODIS(Moderate Resolution Imaging Spectroradiometer)는 이미지를 찍는 광학 센서이다. AI 카메라와 비슷하다고 생각하면 된다. 구름과 에어로졸의 두께도 재고, 도시의 뜨거운 곳도 잰다. 공기 꼭대기에서 지구의 열을 재는 CERES와 다르다.

154　Marc. L. Imhoff 외, 「Remote sensing of the urban heat island effect across biomes in the continental USA」, Remote Sensing of Environment, Vol.114, 2010

155　가중 평균을 낼 때 면적 기준과 인구 기준이 있는데, 여기는 면적 기준이다. 화씨를 섭

씨로 바꿨다. https://www.climatecentral.org/climate-matters/urban-heat-islands-2023

156 Balling, 앞의 보고서, 요약 부분

157 https://www.epa.gov/heatislands/learn-about-heat-islands

158 US EPA, 앞의 홈페이지에서 요약

159 기상청 보도 자료(2023. 8. 16.), 「중소도시의 폭염 증가 추세, 대도시 넘어서」, "이는 대도시의 경우 인구 증가의 추세가 1990년대 이후에 정체되었으나, 중소도시의 인구는 최근까지 꾸준히 증가하고 있는 것과 관련 있다."

160 US EPA, 앞의 보고서 p.1

161 Wei-Chyung Wang 외(1990), 「Urban heat islands in China」

162 Douglas J. Keenan, 「THE FRAUD ALLEGATION AGAINST SOME CLIMATIC RESEARCH OF WEI-CHYUNG WANG」, ; 「Memorandum submitted by Dr. Benny Peiser(CRU 38), UK Parliament: Guardian, 2010. 2. 1.

163 "Dust in the wind/Everything is dust in the wind."

164 NASA/GSFC, MODIS Rapid Response, 2009, http://earthobservatory.nasa.gov/

165 아황산가스라고도 부른다.

166 The Telegraph, Jasper Rees, 7 September 2022 「The Great Smog of 1952: when London was brought to its knees and thousands died」에서 재인용

167 IPCC, SPM(2021), p.8

168 온실가스의 복사강제력이 3.86와트이고, 에어로졸의 복사강제력은 -1.06와트라서, 결국 온실가스의 순 복사강제력이 2.76와트라고 IPCC가 계산한 것을 제2부 제4장에서 보았다.

169 NASA, 「Five Factors to Explain the Record Heat in 2023」

170 https://ourworldindata.org/grapher/so-emissions-by-world-region-in-million-tonnes

171 <왼쪽 사진> Four Corners Generating Station, San Juan County, New Mexico, USA, United States National Park Service(NPS). 발전소에 탈황설비가 설치되기 전에 찍은 것이다. <오른쪽 사진> 영국 Northeast of Drax 발전소, Paul Glazzard, wikimedia.org/

172 https://www.statista.com/statistics/282680/china--sulphur-dioxide-emissions

173 Dyani Lewis, 「Air Pollution in China is Falling- But there is a long way to go」,

Nature Vol.617(11 May 2023) p.231, 2023 Springer Nature Limited.

174 IPCC, SPM(2021), p.8

175 IPCC, AR 6, Chapter6, p.819; Since the mid-1970s, trends in aerosols and their precursor emissions have led to a shift from an increase to a decrease of the magnitude of the negative globally averaged net aerosol ERF(high confidence).

176 IPCC, AR 6, Chapter6, p.820; Since a peak in emissions-induced SO2 ERF has already occurred recently and since there is a delay in the full GSAT response, changes in SO2 emissions have a slightly larger contribution to GSAT change than CO_2 emissons, relative to their respective contributions to ERF.

177 Jeff Schmaltz, MODIS Rapid Response Team; 「Aerosols and Their Importance」, NASA Earth Sciences, https://earth.gsfc.nasa.gov/climate/data/deep-blue/aerosols

178 IMO, 「Reduced limit on sulphur in marine fuel oil implemented smoothly through 2020」, https://www.imo.org/en/MediaCentre/PressBriefings/Pages/02-IMO-2020.aspx

179 Qinjian Jin 외, 「Impacts on cloud radiative effects induced by coexisting aerosols converted from international shipping and maritime DMS emissions」, Atmospheric Chemistry and Physics, 2018

180 NPO는 북태평양, NAO는 북대서양, SO는 남반구 바다를 뜻하고, 빨간색일수록 농도가 진한 것이다.

181 Qinjian JIn 외, 앞의 글

182 NASA, National Environmental Satellite, Data, and Information Service; nesdis.noaa.gov/

183 IPCC, AR 6, Chapter 6, p.821

184 IPCC, AR 6, Chapter 6, p.820

185 실제 태양은 하얗다. 빛을 모두 모아 놓으면 하얀색이 되는 것과 같은 이치다. 그런데도 사람들은 태양을 노랗게 또는 빨갛게 인식하고 있다.

186 NASA Earth Observations; https://neo.gsfc.nasa.gov/

187 IPCC, AR 6, Chapter 7, p.934

188 IPCC, AR 6, Chapter 7, p.935

189 Michael O. Jonas, 「Clouds independently appear to have as much or greater effect than man-made CO_2 on radiative forcing」, World Journal of Advanced Research and Reviews, p.565

190 Michael O. Jonas, 「Clouds independently appear to have as much or greater effect than man-made CO_2 on radiative forcing」, World Journal of Advanced Research and Reviews, 2022에서 재인용

191 ISCCP(International Satellite Cloud Climatology Project)는 1983년 시작된 미 기상청 NOAA의 구름을 위성 관측하는 데이터베이스이다.

192 Loeb, 앞의 보고서 참조

193 Fred Pearce, 「Why Clouds Are the Key to New Troubling Projections on Warming」, Yale Environment 360, e360.yale.edu/

194 여기서, 바다 온도(Sea Surface Temperature)는 유럽 코페르니쿠스가 운영하는 ERA 5(EC-MWF Reanalysis v.5)를 쓴다.

195 IPCC, AR 6, Chapter 8, p.1057

196 IPCC, SPM(2021), p.25: The average annual global land precipitation is projected to increase by … 1.5~8% for the intermediate GHG emissions scenario(SSP 2-4.5) … by 2081-2100 relative to 1995-2014(likely ranges).

197 IPCC, AR 6, Chapter 7, p.926

198 △N = △F + a△T이다. N은 지구에 남는 열, F는 온실가스 복사강제력, a는 피드백, T는 온도다.

199 IPCC, AR 6, Chapter 7, p.926

200 IPCC, AR 6, Chapter2, p.331

201 EPA's Climate Change Indicators in the United States: www.epa.gov/climate-indicators

202 설국열차; Release date: August 1, 2013(South Korea), Director: Bong Joon-ho, Distributed by: Bontonfilm A.S., CJ Entertainment, Adapted from: Snowpiercer

203 Tapio Schneider 외, 「Possible climate transitions from breakup of stratocumulus decks under greenhouse warming」, Nature Geoscience 12, 2019

204 Tom Goren 외, 「Anthropogenic Air Pollution Delays Marine Stratocumulus Breakup to Open Cells」, Geophysical Research Letters, 2019

205 EUMETSAT, 「Tracking the impact of shipping pollution on Earth's climate」, 2024. 2. 22.

206 Berkeley Earth, 앞의 보고서

207 Copernicus, 「Global Climate Highlights 2023」, climate.copernicus.eu/

208 Xu Zhen-tao, 「The hexagram "Feng" in "the book of changes" as the earliest

written record of sunspot」, https://doi.org/10.1016/0146-6364(80)90034-1

209 https://soho.nascom.nasa.gov/sunspots/

210 WDC-SILSO, Royal Observatory of Belgium, Bursses

211 IPCC, SPM 2021, p.15

212 IPCC, SPM 2023(Synthesis Report), p.9: 그림에는 2080년인데, 2023 SPM은 2070년이
란다.

213 Zeke Hausfather, 「Explainer: How 'Shared Socioeconomic Pathways' explore future climate change」, Carbon Brief, 2018. 4. 19.

214 IEA, 「World Energy Outlook 2023」, p.17; This momentum is why the IEA recently concluded, in its updated Net Zero Roadmap, that a pathway to limiting global warming to 1.5℃ is very difficult- but remains open.

215 IPCC, SPM(2023), p.10: Global GHG emissions in 2030 implied by nationally determined contributions(NDCs) announced by October 2021 make it likely that warming will exceed 1.5℃ during the 21st century and make it harder to limit warming below 2℃.

216 World Energy Outlook(2023), p.265

217 UN 인구보고서 2022: 2024. 7. UN 「World Population Prospects 2024」도 마찬가지 결론이다.

218 SSP 1은 Hausfather의 앞의 글 참조

219 Samir KC 외, 「The human core of the shared socioeconomic pathways: Population scenarios by age, sex and level of education for all countries to 2100」, Global Environmental Change, 2014

220 한국갤럽, 「갤럽 리포트 2023. 1. 12. 공개: 각종 재난 재해 위험 인식」

221 이 조사는 1차 533명, 2차 528명, 3차 504명의 무작위로 선택된 일반 시민을 대상으로, 학습을 통해 이른바 '숙의 과정'을 거친 후 설문을 진행한 것이다.

222 2050 탄소 중립 위원회, 「2050 탄소 중립 시나리오」, p.130

223 IPCC, SPM(2023), p.9

224 Shinichiro Fujimori 외, 「SSP 3: AIM implementation of Shared Socioeconomic Pathways」, Global Environmental Change, 42(2017).

225 Katherine Calbin 외, 「SSP 4: A World of deepening inequality」, Global Environmental Change, 42(2017).

226 Oliver Fricko 외, 「The marker quantification of the Shared Socioeconomic

Pathway 2: A middle-of-the-road scenario for the 21st century」, Global Environmental Change, 2017

227 World Energy Outlook(2023), p.268

228 IEA, 「World Energy Outlook(2023)」, p.18

229 https://www.dkrz.de/en/communication/climate-simulations/cmip6-en/the-ssp-scenarios

230 IPCC, SPM(2021), p.18

231 IPCC, SPM(2021), p.14

232 Climate Change 2001: Working Group I: The Scientific Basis, https://archive.ipcc.ch/ipccreports/tar/wg1/fig9-1.htm

233 영국 Met Office, 「What is 'climate sensitivity?'」, 영국 기상청 홈페이지

234 위의 빨간색은 CO_2가 4배가 될 때, 7℃에 접근한다는 것이다.

235 수식은 이렇다. (1.01)n=2, n=log1.012, n=0.301/0.0043=70.

236 Lewis & Curry 보고서 p.2

237 IPCC, AR 6, Chapter 7, p.1007

238 Nicola Scafetta, 「Impacts and risks of "realistic" global warming projections for the 21st century」, Geo-science Frontiers 15(2024)

239 IPCC, AR 6, Chapter 6, p.821

240 IPCC, SPM(2021), p.16

241 IPCC, SPM(2021), p.16

242 Bloomberg, Wall Street Week, 「Global Population Problem」(2024. 6. 1.)

243 슈테판-볼츠만 방정식이다.

244 Charney, Report of an Ad Hoc Study Group on Carbon Dioxide and Climate, 「Carbon Dioxide and Climate: A Scientific Assessment」

245 IPCC, AR 6, Chapter 7, p.1007

246 플랑크 반응 -3.22W/㎡/CO_2, 수증기 1.3W/㎡/℃, 구름 0.42W/㎡/℃, 알베도 0.35W/㎡/℃이다.

247 ECS = -$\triangle$F2×CO_2/α, = -3.93(W/㎡)/-1.16(W/㎡/℃) = 3.387℃ ≒ 3.4℃이다.

248 IPCC, AR 6, Chapter 7, p.996

249 Alexander Otto 외, 「Energy budget constraints on climate response」, Nature (2013)

250 Nicholas Lewis & Judith Curry, 「The Impact of Recent Forcing and Ocean Heat Uptake Data on Estimates of Climate Sensitivity」, American Meteorological Society(2018)

251 IPCC, AR 6, Chapter 7, p.996

252 IPCC, AR 6, Chapter 7, p.997

253 Manuel Schlund 외, 「Emergent constraints on equilibrium climate sensitivity in CMIP5: do they hold for CMIP6?」, Earth System Dynamics

254 IPCC, AR 6, Chapter 7, p.1005

255 Edward N. Lorenz, 「Predictability: Does the Flap of a Butterfly's Wings in Brazil Set Off a Tornado in Texas?」, Advancement of Science, 1972.

256 John Evelyn, 「Sylva」

257 UN, 「World Population Prospect(2022)」

258 https://data.worldbank.org/indicator/NY.GDP.PCAP.CD

259 World Inequality Database(2023)

260 Allan Cockerill, 「About Time Travel Sailing Ships and Dirty Water」, 2019. 3. 27., https://allancockerill.com/: Back To The Future. Directed by Robert Zemeckis for Amblin Entertainment, distributed by Universal Pictures

261 Ravallion(2016) & World Bank

262 IEA, https://www.iea.org/reports/sdg7-data-and-projections/access-to-clean-cooking

263 "By 2030, ensure universal access to affordable, reliable and modern energy services". 지속 가능한 발전을 위한 7번째 목표(SDG 7.1)다.

264 Energy and Climate Partnership of the Americas, 「The Persistent Challenge of Access to Clean Cooking」, 2022. 4. 28.

265 The World Bank, 「Clean Cooking: Why it Matters」, Worldbank.org/news

266 Sustainable Energy For All, 「Editor's pick: Five actions to end cooking poverty」

267 조선일보 1958. 9. 5., 1면, 「一事一言: 시급한 연료 전환의 대책」

268 동아일보 1956. 1. 17., 4면, 「1956년과 여성, 박순천·모윤숙 양 여사 대담」

269 조선일보, 1967. 3. 19., 3면,「만물상」

270 https://public.flourish.studio/story/1882344/

271 美 재무부(Treasury Department), https://fiscaldata.treasury.gov/americas-finance-guide/

272 Motor Finance Online,「Tesla finds itself trailing behind Shell on ESG scores. Why?」

273 한국ESG기준원,「2023년 ESG 등급 부여 현황」, 2023. 10., p.6

274 한국ESG기준원,「ESG 평가방법론」, 2023. 8., p.13

275 sustainalytics.com/esg-rating/tesla-inc

276 한국ESG기준원, 보도 자료(2023. 10. 27.),「2023년 한국ESG기준원 ESG 평가 및 등급 공표」

277 Federico and Tena-Junguito(2016)

278 UN General Assembly,「Resolution adopted by the General Assembly on 25 September 2015」, 중 Declaration, Introduction 2.

279 UN, 앞의 결의 중 Goal 17, Finance 17.2

280 UN, 앞의 결의 중 Means of implementation and the Global Partnership

281 기획재정부 보도 자료(2024. 1. 31.),「국내 담배 판매량 전년 대비 0.6% 감소, 4년 만에 감소세 전환, 면세 담배 포함한 실질 판매량은 2년 연속 증가」

282 https://www.index.go.kr/unity/potal/main/EachDtlPageDetail.do?idx_cd=2824

283 Bill Gates,「How to Avoid a Climate Disaster」, Penguin Books(2021), p.59

284 Bill Gates, 앞의 책 p.186

285 2024년 3월 기준이다.

286 https://ourworldindata.org/electricity-mix

287 "The lights are much brighter there. You can forget all your troubles, forget all your cares."

288 Danish Energy Agency,「Energy in Denmark 2021」, p.8

289 https://ourworldindata.org/co2-emissions

290 ember-climate.org, sandbag.be/price-viewer/, KRX

291 한겨레(2022. 10. 4.),「온실가스 뿜어낸 기업들, 그 덕에 되레 5,600억 벌었다.」

292 GIS, Henrique Schneider(2024. 1. 10.), 「CBAM will expedite carbon leakage.」

293 한국철강협회 뉴스(2023. 9. 20.), 「국회 철강 포럼, EU CBAM 철강산업 대응 방안 세미나 개최」

294 오마이뉴스, 2023. 11. 28., 「덴마크 사람들이 바람 부는 날 세탁기를 돌리는 이유」

295 https://www.un.org/en/climatechange/net-zero-coalition

296 UN NDC Registry, https://unfccc.int/NDCREG

297 Bloomberg NEF, 「New Energy Outlook 2024」, about.bnef.com/new-energy-outlook/

298 현재 추세대로 가는 길로 2100년에 2.6℃가 된다는 가정의 시나리오다.

299 Bloomberg Green, 2024. 5. 21., www.bloomberg.com/news/articles/2024-05-21/key-takeaways-from-bloombergnef-s-new-energy-outlook

300 United Nations, 「The Global Housing Crisis: Facts, Figures, and Solutions」, November 21, 2023, Written by Rose Morrison, Renovated Revised and updated by Brett Stadelmann, managing editor of Unsustainable,https://www.unsustainablemagazine.com/

301 www.ohchr.org/en/press-releases/2023/10/

「un-expert-urges-action-end-global-affordable-housing-crisis」

302 You Tube, CNBC Make It, 「Is It Time to Leave London?」

303 서울신문, 2023. 12. 11., 「서울 아파트 평균 월세 '100만 원' 시대… 용산·서초·성동 순」

304 JANOVER, Multifamily Loans. 「The 10 Markets With the Greatest Need for New Housing」,

305 통계청, 「인구주택 총조사」

306 탄소 중립 위원회, 「2050 탄소 중립 시나리오」, p.58

307 UK Government's Department for Energy Security and Net Zero

308 Michael Burrows 외, 「Commuting by Public Transportation in the United States: 2019」, American Community Survey Reports, April 2021, p.1

309 산업부, 「국내 및 세계 자동차 생산량(한국자동차산업협회)」

310 https://www.whichcar.com.au/news/how-many-cars-are-there-in-the-world

311 Bloomberg, By Skylar Woodhouse and Saleha Mohsin, 「EV Hype Overshadows Public Transit as a Climate Fix: The emphasis on zero-emission cars has frus-

trated public transportation advocates, who say that the US needs to focus on greener alternatives to driving.」, (2023. 1. 26.)

312 Julian Wettengel(21 Feb 2024), 「Germany, EU remain heavily dependent on imported fossil fuels」, Clean Energy Wire

313 https://afdc.energy.gov/

314 International Energy Agency, 「World Energy Outlook 2023」, p.283 이하

315 그림은 약한 시나리오에 의한 것이다. 강한 시나리오에 따르면 전력 수요는 더욱 증가한다. 2050년 전력 수요는 약한 시나리오가 5만 4천 TWh, 강한 시나리오가 6만 7천 TWh이다.

316 World Energy Outlook 2023, p.268 이하

317 Our World in Data, https://ourworldindata.org/grapher/solar-pv-prices

318 리처드 뮬러(Richard A. Muller) 지음, 장종훈 옮김, 「대통령을 위한 에너지 강의」, 살림, p.15

319 산업통상자원부(2023. 1. 13. 공고), 「제10차 전력수급기본계획(2022~2036)」, p.43

320 리처드 뮬러(Richard A. Muller) 지음, 장종훈 옮김, 「대통령을 위한 에너지 강의」, 살림, p.110

321 Business Post(2023. 8. 10.), 「전례 없이 뜨거워진 지구, 의외의 용의자는 '깨끗해진 공기'와 '해저화산'」, 이상호 기자

322 ESG 경제(2024. 1. 18.), 「EU, 넷제로 달성 위해 대규모 탄소 포집 계획」

323 IEA, 「Net Zero Roadmap: A Global Pathway to Keep the 1.5℃ Goal in Reach」, 2023 Update, https://www.iea.org/reports/ccus

324 "Take me to the magic of the moment on a glory night/ Where the children of tomorrow dream away in the wind of change."

뜨거운 지구, 차가운 해법

: 지구는 식히고 경제는 뜨겁게

초판 1쇄 발행일 2024년 10월 7일

지은이 박재순

펴낸이 박영희
편 집 조은별
디자인 김수현
마케팅 김유미
인쇄·제본 AP프린팅

펴낸곳 도서출판 어문학사
주 소 서울특별시 도봉구 해등로 357 나너울카운티 1층
대표전화 02-998-0094 **편집부1** 02-998-2267 **편집부2** 02-998-2269
홈페이지 www.amhbook.com
e-mail am@amhbook.com
등 록 2004년 7월 26일 제2009-2호

X(트위터) @with_amhbook
인스타그램 amhbook
페이스북 www.facebook.com/amhbook
블로그 blog.naver.com/amhbook

ISBN 979-11-6905-034-0(03450)
정 가 20,000원